领略·气象智库丛书

气象政策研究与决策咨询

（2020—2023年）

中国气象局气象发展与规划院　编著

气象出版社
China Meteorological Press

内容简介

自2020年成立以来，中国气象局气象发展与规划院围绕党和国家一系列重大战略部署，聚焦现代气象科技创新、现代气象业务、现代气象服务、现代气象管理等中国气象局党组关心的重大问题，开展政策研究与决策咨询，形成了一批高质量的研究报告，旨在洞察战略前沿、透析发展形势、探讨政策建议、支撑科学决策。本书对这些原创性研究成果进行了汇编，具有较强的指导性、针对性，对气象工作以及从事综合性政策研究、关心中国气象事业发展的读者具有较高参考价值。

图书在版编目（CIP）数据

气象政策研究与决策咨询. 2020—2023年 / 中国气象局气象发展与规划院编著. -- 北京 : 气象出版社, 2024. 10. -- ISBN 978-7-5029-8316-1

Ⅰ. P468.2

中国国家版本馆CIP数据核字第202432TL25号

气象政策研究与决策咨询(2020—2023年)

QiXiang ZhengCe YanJiu yu JueCe ZiXun(2020—2023 Nian)

出版发行：气象出版社
地　　址：北京市海淀区中关村南大街46号　　邮政编码：100081
电　　话：010-68407112(总编室)　010-68408042(发行部)
网　　址：http://www.qxcbs.com　　E-mail：qxcbs@cma.gov.cn
责任编辑：宿晓凤　　终　　审：张　斌
责任校对：张硕杰　　责任技编：赵相宁
封面设计：博雅锦
印　　刷：北京地大彩印有限公司
开　　本：710 mm×1000 mm　1/16　　印　　张：18
字　　数：270千字
版　　次：2024年10月第1版　　印　　次：2024年10月第1次印刷
定　　价：108.00元

《气象政策研究与决策咨询(2020—2023年)》编写组

组　　　长：李丽军

副 组 长：廖　军　张小锋　林　霖

统稿组成员：赵新宇　申丹娜　李　欣　王晓晨　冯裕健

研究组成员（按姓氏笔画排序）：

于　丹　王　喆　王　晴　王姣姣　史　静
冯　磊　吕丽莉　朱玉洁　朱永昶　伍　洋
刘厚堂　刘皓波　江　春　江涤非　许小峰
许智棋　李　芳　李　栋　李　俊　李　萍
李　爽　李　博　李文婧　杨　林　杨　捷
杨　萍　肖　芳　吴　灿　何　勇　张　勇
张　鹏　张剑雷　张晓红　张滨冰　陈　蕾
陈鹏飞　林佳璐　周　勇　郑　祺　郑秋红
孟明明　赵　芳　赵均壮　赵空军　赵晓凤
郝伊一　胡　雯　段春锋　姜　明　贾志宏
徐金勤　高润祥　郭转转　郭淑颖　唐　伟
董　昊　韩佳芮　程　磊　曾　沁　靳奎峰
谭雄恺　樊奕茜　薛红喜　薛建军

序

党的十八大以来，习近平总书记高度重视中国特色新型智库建设，强调要从推动科学决策、民主决策，推进国家治理体系和治理能力现代化、增强国家软实力的战略高度，把中国特色新型智库建设作为一项重大而紧迫的任务切实抓好。在新中国气象事业70周年之际，习近平总书记对气象工作作出重要指示，从战略和全局的高度对新时代气象事业发展提出了明确要求，指明了新时代气象事业发展的根本方向、战略定位、战略目标、战略重点和战略任务，是新时代推动气象事业发展的根本遵循。持续深入学习贯彻习近平总书记重要指示精神，是气象部门一项长期的政治任务，迫切需要我们面向国家重大战略、面向人民生产生活、面向世界科技前沿，加强事关全局、影响长远的气象发展战略政策研究工作，推动气象科技能力现代化和社会服务现代化建设，为我国迈上全面建设社会主义现代化国家新征程做出新的更大贡献。

加强气象智库建设，是把握气象事业发展方向，预测事业发展趋势、为重大决策提供科学依据的有效途径，是推动气象改革开放，完善政策法规的重要支撑，是制定战略规划、保障气象高质量发展的重要基础。中国气象局党组高度重视气象智库建设，为适应新时代气象高质量发展要求，组建成立了中国气象局气象发展与规划院，加强气象事业战略决策和顶层设计。2023年印发实施的《中共中国气象局党组关于加强气象智库建设的若干意见》明确指出，推进新型气象智库建设是落实习近平总书记重要指示精神的重要举措，有利于进一步提升气象部门决策科学化、法治化水平，以及进一步推进气象治理体系和治理能力现代化。

中国气象局气象发展与规划院成立以来，牢牢把握气象智库以及现代化顶层设计主阵地定位，聚焦气象保障国家重大战略、气象高质量发展、新时代气象现代化战略格局、气象改革、气象信息化、气象产业、全球气象发展等事关气象事业发展全局的重点热点难点问题，研究形成了一批高质量的咨询报告，提出了具有指导性的高价值咨询建议，为中国气象局党组决策从理论到实践、从战略到政策、从决策到部署提供了重要参考，为推动气象高质量发展贡献了智慧和力量。

基于2020—2023年的系列《领略咨询报告》编著而成的《气象政策研究与决策咨询（2020—2023年）》一书，内容丰富，是立足当前、展望未来、凝聚广大研究人员智慧和心血的研究成果，对于推动气象科技能力现代化和社会服务现代化建设具有很好的实用性和指导性。

当前，气象现代化建设进入新的历史阶段，面临新的机遇与挑战，气象发展战略政策研究要以支撑保障气象强国建设为导向，以服务中国气象局党组科学民主依法决策为根本目的，创新组织形式和管理方式，提升理论创新、战略研究、政策设计、决策咨询的能力，为气象高质量发展提供有力支撑。

2024年10月

前　言

新型智库是党和政府科学民主依法决策的重要支撑，是推进国家治理体系和治理能力现代化的重要内容，是国家软实力的重要组成部分。《中共中央关于坚持和完善中国特色社会主义制度 推进国家治理体系和治理能力现代化若干重大问题的决定》明确提出："健全决策机制，加强重大决策的调查研究、科学论证、风险评估，强化决策执行、评估、监督。"改革发展任务越是艰巨繁重，越需要强大的智力支持。

中国气象局气象发展与规划院（以下简称"发展规划院"）是气象智库主阵地。2020 年，发展规划院成立伊始，就创办了决策咨询"直通车"《领略咨询报告》。《领略咨询报告》以习近平新时代中国特色社会主义思想为指导，以坚定政治方向、服务工作大局、深入调查研究、解决实际问题、发挥参谋作用为目标，围绕中国气象事业的重大决策部署和社会关注的热点难点问题开展调查研究，提出对策建议。这些咨询报告为中国气象局党组科学决策、民主决策提供了重要参考，很多对策建议已经转化为具体政策措施，切实推动了气象高质量发展。

为方便参阅、研究、交流，特将 2020—2023 年《领略咨询报告》汇编成《气象政策研究与研究咨询（2020—2030 年）》。鉴于气象涉及到的学科内容和专业领域广泛，编者的专业技术水平和学术知识有限，书中难免有不当之处，敬请广大读者批评指正。

本书编写组

2024 年 10 月

目　录

第三部分　现代气象服务

第四部分　现代气象管理

第一部分

现代气象科技创新

“十四五”以来，气象部门围绕突破气象科技瓶颈和实现核心技术自立自强，实施气象创新驱动发展战略，构建现代气象科技创新体系。当前，天气气候机理、下一代数值预报模式、气象观测装备等核心技术研发取得积极进展，基本适应气象现代化发展需求的国家气象科技创新体系逐步形成，气象科技创新的活力、动力进一步增强，科技创新在气象现代化全局中的地位凸显。本部分将基于国家大科学装置建设、“东数西算”、人工智能应用、气象核心关键技术、数字孪生大气等研究基础上形成的咨询报告进行了汇集。

积极申报承担国家大科学装置建设的政策建议*

摘要：为贯彻落实习近平总书记关于科技创新的重要论述和关于气象工作的重要指示精神，中国气象局气象发展与规划院联合科技与气候变化司就国家大科学装置的主要内涵、特点、重大意义进行了研究，就党和国家加强大科学装置建设的政策举措和主要进展进行了分析，就气象领域积极承担大科学装置建设任务提出了加强发展规划和顶层设计、强化大科学装置超前探索和预研、聚力优先领域启动申报工作、主动融入和支持综合性国家科学中心建设、推进气象大科学装置国际化布局等对策建议。

习近平总书记强调，中国要强盛、要复兴，就一定要大力发展科学技术，努力成为世界主要科学中心和创新高地，推动大科学计划、大科学工程、大科学中心、国际科技创新基地的统筹布局和优化。党的十八大以来，党和国家就加快科技创新、建设大科学装置作出一系列部署，显著增强了对其发展的支持力度。在新中国气象事业70周年之际，习近平总书记对气象工作作出重要指示，要求加快科技创新，做到监测精密、预报精准、服务精细，推动气象事业高质量发展。围绕国家大科学装置建设的优先领域和方向，积极组织申报承担国家大科学装置建设任务，是贯彻落实习近平总书记关于科技创新的重要论述和关于气象工作的重要指示精神

---

* 执笔人：李栋　何勇

的必然要求和有力举措，对推动气象强国建设、增强我国气象科技创新实力、提升气象国际影响力意义深远。

一、大科学装置的主要内涵和特点

20世纪中叶以后，科学发展的一个重要特征是大科学装置的出现。大科学装置是为提高探索未知世界、发现自然规律、实现科技变革的能力，由国家统筹布局，面向社会开放共享的大型复杂科学研究装置或系统，是突破科学前沿、解决经济社会发展和国家安全重大科技问题的技术基础，也是长期为高水平研究活动提供服务、具有较大国际影响力的国家公共设施。作为国家科学技术水平和综合实力的重要体现，大科学装置按不同的应用目的，可分为三类：

第一类是专用研究装置：为特定学科领域的重大科学技术目标建设的研究装置，如北京正负电子对撞机、兰州重离子加速器、神光装置、天文望远镜等。

第二类是公共实验平台：为多学科领域的基础研究、应用基础研究和应用研究服务的，具有强大支持能力的大型公共实验装置，如合肥同步辐射装置、上海光源等。

第三类是公益基础设施：为国家经济建设、国家安全和社会发展提供基础数据的重大基础科学技术设施，如中国遥感卫星地面站、遥感飞机、长短波授时系统、中国西南野生生物种质资源库等。

大科学装置需要通过较大规模的投入和工程建设来完成，建成后通过长期的稳定运行和持续的科学技术活动，来实现其重要科学技术目标。它的建设和利用与一般的科学仪器及装备有很大的不同，也有别于一般的基本建设项目，主要有以下特点：一是科学技术意义重大，影响面广且长远，同时建设规模和耗资大，建设时间长；二是技术综合、复杂，需要在建设中研制大量非标设备，具有工程与研制的双重性；三是其产出是科学知识和技术成果，而不是直接的经济效益，建成后要通过长时间稳定的运行、不断的发展和持续的科学活动才能实现预定的科学技术目标；四是从立项、建设到利用的全过程都表现出很强的开放性、国际化的特色。

总之，大科学装置本身是多学科支撑、众多高新技术集成和国际竞争的产物，是支撑多学科与交叉学科发展的、先进的大型公共技术平台，是国家创新体系中具有强大研发能力和国际竞争能力的大型科研基地，集中体现出国家科学基础设施的水平和技术制造能力。

二、大科学装置的重要意义和现实作用

大科学装置作为大科学中心的标志和重要基石，作为世界优秀科学家开展联合研究、攻关突破关键核心技术的前提条件，在催生重大科研成果、吸引培养顶尖人才、促进经济高质量发展方面作用巨大。

（一）大科学装置是现代科学技术诸多领域取得实质性突破的必要条件

20 世纪中叶以来，许多科学领域已经发展到人类认知的边界，从亿万光年之外的宇宙星辰，到组成世界的基本粒子的研究，都依赖能够创造综合极端条件的实验装置来取得前沿突破。大科学装置可以实现极端状态的实验条件，依托其运行开展国际顶尖水平的研究工作，有利于取得一批重大原创成果、攻克一批关键核心技术、突破一批创新发展的瓶颈性科技难题。我国大科学装置的发展状态将决定在众多领域的前沿研究取得突破的能力，从而决定在国际科技的竞争力。

（二）大科学装置是吸引培养顶尖科技人才的重要法宝

科学家们能否取得原创性重大科研成果，是否拥有最先进的科学仪器设备和装置至关重要。而大科学装置能为科技工作者提供最好的科研平台，是吸引人才、培养人才的重要法宝。实践证明，以大科学装置集群独具的优异性能凝聚一批全球顶尖科技人才，开展一批国际重大科技合作计划，能够使之成为世界杰出智慧的聚集地、世界最优秀科学技术成果的诞生地和解决“大科学问题”的摇篮。

（三）大科学装置是为国家经济发展、国家安全和社会进步提供保障所必不可少的科技基础设施

现代经济社会发展的特点之一是各种活动依赖于基础数据和基础信息，国家对自然资源、人力资源和已建立的各种硬件资源的利用效率也很大程度上依赖于各种基础数据和基础信息。作为科技基础设施的大科学装置，在数据和各种信息的收集、利用上起着至关重要的作用。同时，它的建造和运行也会带动相关高新技术产业的发展，成为凝聚精干科研群体和培养高水平科技人才的基地，是一个国家综合科技实力和创新能力的重要标志。

（四）大科学装置是建立具有强大国际竞争力的国家大型科研基地的重要条件

西方发达国家的科学技术水平和强大的国际竞争能力在很大程度上是通过一批高水平的大型科研基地体现的，其基本特点是科研力量集中、科研任务集中、国家投资集中、科技成果累累、学科交叉多样，发展新型、边缘科学和突破重大新技术的能力强。而这些研究机构都拥有先进的大科学装置，甚至是大科学装置集群，作为支撑其强大科技竞争力的基本条件。近年来，我国重视科研基地的建设，建设了一批国家重点实验室，但还少有能与西方发达国家匹敌的大型科研基地。当前，我国把大型科研基地的建设作为科技振兴的重要举措，把大力推进大科学装置建设作为实现这一目标的重要条件。

三、党和国家加强大科学装置建设的政策举措和主要进展

（一）我国推进大科学装置建设的政策举措

党的十八大以来，党和政府出台了一系列政策举措，加快推进大科学装置建设。习近平总书记强调指出：“我国科技发展的方向就是创新、创新、再创新。要高度重视原始性专业基础理论突破，加强科学基础设施建设，保证基础性、系统性、前沿性技术研究和技术研发持续推进，强化自主

创新成果的源头供给。要积极主动整合和利用好全球创新资源，从我国现实需求、发展需求出发，有选择、有重点地参加国际大科学装置和科研基地及其中心建设和利用。”

2013 年 2 月，国务院印发了《国家重大科技基础设施建设中长期规划(2012—2030 年)》，对能源、生命、地球系统与环境、材料、粒子物理和核物理、空间和天文、工程技术等 7 个科学领域作了系统部署，优先安排了 16 项重大科技基础设施建设。这是我国历史上第一部系统部署国家重大科技基础设施中长期建设和发展的指导性文件。文件在地球系统与环境科学领域提出了现场探测与观测、基准系统建设、数值和实验模拟等 3 个方面的建设任务，逐步形成观测、探测和模拟相互补充的地球系统与环境科学研究体系。

2014 年 12 月，国家发展改革委、财政部、科技部和自然科学基金委联合下发了《国家重大科技基础设施管理办法》(以下简称《管理办法》)。《管理办法》明确了国家发展改革委是大科学装置建设管理的牵头单位，与财政部、科技部、自然科学基金委等部门各司其职，负责设施的规划、建设、运行和退役，以及依托设施开展的科研工作；明确了大科学装置或系统的项目决策、建设管理、运行管理以及项目建议书、可行性研究报告、初步设计和投资概算的编制提纲。

2016 年 12 月，国家发展改革委、教育部、科技部、财政部等 9 部委联合印发了《国家重大科技基础设施建设“十三五”规划》(以下简称《规划》)。《规划》重申“十三五”时期我国大科学装置建设的 7 个重点学科领域，提出“十三五”时期的建设目标是投入运行和在建设施总量达到 55 个左右，基本覆盖重点学科领域和事关科技长远发展的关键领域；明确“十三五”时期优先布局空间环境地基监测网(子午工程二期)、大型光学红外望远镜、大型地震工程模拟研究设施等 10 个大科学装置建设项目。

(二)我国大科学装置建设的推进情况

2016 年、2017 年、2020 年，我国先后确定建设上海张江、安徽合肥、北京怀柔、深圳综合性国家科学中心，大科学装置集群建设快速推进，成为国家大科学中心建设和运行的核心任务和重要抓手。截至2020年,我国已建成大科学装置22个(表1),“十三五”规划新建大科学装置16个(表2)。

表1　已建成的22个国家大科学装置分布情况

序号	大科学装置名称	所在城市
1	中国地壳运动观测网络	全国
2	子午工程	全国
3	合肥同步辐射加速器	安徽合肥
4	合肥HT-6M受控热核反应装置	安徽合肥
5	合肥环流器HL-1装置	安徽合肥
6	合肥HT-7托卡马克	安徽合肥
7	全超导托卡马克核聚变实验装置(EAST)	安徽合肥
8	稳态强磁场实验装置(SHMFF)	安徽合肥
9	北京正负电子对撞机	北京
10	遥感卫星地面站	北京
11	HI-13串列式静电加速器	北京
12	北京5兆瓦核供热试验堆	北京
13	北京遥感飞机	北京
14	上海“神光”系列高功率激光装置	上海
15	上海“神光Ⅱ”装置	上海
16	贵州FAST望远镜	贵州黔南
17	2.16米光学望远镜	河北兴隆
18	兰州重离子加速器	甘肃兰州
19	宁波种质资源库	浙江宁波
20	短波与长波授时系统	陕西临潼
21	武汉国家脉冲强磁场科学中心	湖北武汉
22	新疆太阳磁场望远镜	新疆博州

表 2　“十三五”规划新增的 16 个国家大科学装置分布情况

序号	大科学装置名称	依托单位	所在城市	意义
1	加速器驱动嬗变研究装置	中国科学院核能安全技术研究所	安徽合肥	
2	未来网络试验设施	中国科学技术大学	安徽合肥	
3	模式动物表型与遗传研究设施	中国农业大学	北京	
4	地球系统数值模拟器	中国科学院大气物理研究所	北京	将大幅提高我国地球系统模拟的整体能力和重大自然灾害预测预警、气候变化预估的研究水平
5	海底科学观测网	同济大学	上海	将为国家海洋安全、深海能源与资源开发、环境监测、海洋灾害预警预报等研究提供支撑
6	转化医学研究设施	上海交通大学	上海	
7	上海光源线站工程	中国科学院上海应用物理研究所	上海	
8	空间环境地面模拟装置	哈尔滨工业大学	黑龙江哈尔滨	将为我国空间科学发展和深空探测模拟研究提供有力支撑
9	大型低速风洞	中国航空工业空气动力研究院	黑龙江哈尔滨	有助于我国飞行器流场品质和综合性能达到国际先进水平
10	高效低碳燃气轮机试验装置	中国科学院工程热物理研究所	江苏连云港/南京	
11	中国南极天文台	中国科学院紫金山天文台	江苏南京	将开辟地球上独一无二的太赫兹波段天文观测窗口，为研究宇宙和天体起源、暗物质、暗能量、地外生命等科学问题提供有力支撑
12	强流重离子加速器	中国科学院近代物理研究所	甘肃兰州	
13	精密重力测量研究设施	华中科技大学	湖北武汉	将为解决固体地球演化、海洋与气候变化、水资源分布和地质灾害研究中的科学问题提供重要支撑

续表

序号	大科学装置名称	依托单位	所在城市	意义
14	综合极端条件实验装置	吉林大学	吉林长春	将为我国空间科学发展和深空探测模拟研究提供有力支撑
15	高海拔宇宙线观测站	中国科学院高能物理研究所	四川成都/甘孜州	
16	高能同步辐射光源验证装置	中国科学院高能物理研究所	河北保定	

除上述已确定的 38 个国家大科学装置外，4 个综合性国家科学中心仍在规划和新建一大批大科学装置。比如：

（1）中国科学院于 2017 年 10 月在安徽省合肥市牵头建设“大气环境立体探测实验研究设施（AEOS）”大科学装置。主要是针对大气环境污染防治、应对气候变化、改善生态环境、保障人体健康等重大科技问题需求，要建成可业务化运行的环境和气象梯度综合观测塔、小型大气气溶胶与云雾相互作用实验舱、全光谱天地一体化的综合定标与验证场，突破一批全高程大气环境立体探测与模拟、全光谱吸收与辐射测量等关键技术，提升大气环境立体探测的时间、空间、辐射、光谱等多维特性研究和综合试验能力。目前已编制完成项目可行性报告，启动了设备购置、关键技术研发等工作。

（2）中国科学院于 2017 年 12 月与合肥市政府正式启动建设大气环境污染监测先进技术与装备国家工程实验室。这一综合性国家科学中心国家级工程实验室已由国家发展改革委批准成立，是中国首个大气环境监测国家工程实验室，旨在构建“天—空—地”立体大气环境监测系统，为中国环境监测网络建设提供关键技术和设备，提升环境监测仪器和设备的研制水平，形成国际一流的环境监测设备高技术成果辐射基地，促进和带动环境监测仪器战略性新兴产业发展。

（3）目前深圳已建成未来网络基础设施、国家超级计算深圳中心等 3 个大科学装置。在建和已规划了空间环境地面模拟装置深圳拓展设施、空间引力波探测地面模拟装置等 6 个大科学装置。正在推进鹏城实验室、深圳湾实验室等综合性国家科学中心实验室与平台建设。

(4)在北京怀柔综合性国家科学中心,全球最大风洞实验室大科学装置已建设完成。

(三)中国科学院、教育部等部门推进大科学装置建设情况

1. 中国科学院大科学装置建设情况

中国科学院一直把建设大科学装置作为关系长远发展的大事来抓,已经投入运行和正在建设的重大科技基础设施共 20 余项,既有一批专用研究设施,也有为多学科领域基础研究、应用基础研究和应用研究服务的公共实验平台,还有公益基础设施。

早在 2009 年 10 月,中国科学院就出台了《中国科学院大科学装置管理规定》,制定了《中国科学院大科学装置建设管理办法(试行)》《中国科学院大科学装置运行管理办法(试行)》,成立了大科学装置管理办公室,设在计划财务局。2014 年,中国科学院启动“率先行动”计划,继续谋划推进大科学中心、大科学装置建设。“十二五”时期,我国优先安排的 16 项大科学装置建设中,中国科学院组织申报的 7 个项目获得立项批复。

2017 年 2 月,中国科学院专门成立科创中心工作领导小组,组建 3 个综合性国家科学中心建设办公室,与北京市、上海市、安徽省对接共推科创中心、共建大科学装置。2017 年 5 月,中国科学院出台了《关于参与建设科技创新中心和共建综合性国家科学中心的指导意见》(以下简称《意见》)。《意见》明确提出要以科创中心和综合性国家科学中心建设为重大机遇,以国家实验室建设为牵引,以主谋、主建国家重大科技基础设施集群为基础,通过参与建设科创中心和共建综合性国家科学中心,统筹构建“总部(院部)抓总、区域/领域主战、四类机构/研究所主建”的改革创新发展新格局;重点围绕北京、上海科创中心和 3 个综合性国家科学中心的建设定位,统筹部署基础前沿科学研究、关键核心技术研发和大科学装置建设,加大力度调整优化科技布局和资源配置结构,支撑北京、上海、合肥成

为具有世界影响力的科技创新中心和科学中心。《意见》还提出了支撑科技创新中心和科学中心建设的18项具体任务，包括建设地球系统数值模拟装置、大气环境模拟系统、中国陆地生态系统观测实验网络等一批国际首创或具有领先水平的大科学装置，依托大科学装置集群，在大气环境科学、地球科学、生命科学、信息与智能研究等领域组建新型科研机构，开展高水平科技创新活动。

2020年初，随着深圳被正式确定为我国第4个综合性国家科学中心后，中国科学院、广东省提出将共同争取建设珠三角综合性国家科学中心，共创一批大科学装置，以进一步打造粤港澳大湾区国际科技创新中心。

近年来，中国科学院大科学装置建设运行水平迈上了一个新台阶，技术创新性和建设水平显著提升，设施科研产出水平不断提高，设施开放共享取得显著成效，运行管理水平不断提升，继续向体系化方向加快发展，受到国际科技界的密切关注，在国家科技和经济社会发展中发挥了重要作用。

2. 教育部大科学装置建设推进情况

2019年10月，教育部出台了《高等学校国家重大科技基础设施建设管理办法（暂行）》，明确了高校建设大科学装置的管理体制，以及开展项目预研、提出项目建议、可行性研究、初步设计和投资概算、开工准备、工程建设、竣工验收和运行管理等建设流程和相关规定。

目前，中国科技大学、上海交通大学、中国农业大学、吉林大学、同济大学、浙江大学等各地高校结合自身优势，积极争取国家大科学装置的立项，加快推进大科学装置和科技研发平台建设，不断增强科研话语权。

（四）中国科学院与山东省、青岛市政府共建海洋大科学装置情况

2018年初，中国科学院决定依托中国科学院海洋研究所，联合中国科学院其他12家研究机构，筹建青岛海洋大科学中心。2019年9月，山东省、中国科学院、青岛市三方正式签约共建海洋大科学中心，建设海洋系

统模拟设施等大科学装置，打造多层次、多类型海洋专业领域大科学装置集群；支持海洋大科学中心组织发起“丝路方舟”“健康海洋”等大科学计划，实现山东海洋科技走在前列；围绕山东省十强产业需求，依托海洋大科学中心和驻鲁高校院所，联合沿海地市共同打造海洋领域产业研究院，同时构建水下机器人、近海环境监测、深海生物资源开发、海洋大数据与人工智能等高水平海洋科技研发平台，共同推动重大海洋科技成果落地。2020 年 1 月，中国科学院青岛海洋大科学中心正式启用。

目前，青岛海洋大科学中心正在推进的核心科研主要有 3 个方面：一是近海“健康海洋”示范工程，对近海生态环境进行观测、模拟、评估、防护和修复；二是“印太汇聚区”多圈层相互作用，在印度洋、太平洋建立全水深、立体、实时探测体系，以及海—气—地—生多圈层相互作用理论和模式；三是海洋生命过程认知与生物资源绿色发展，发现新认知、新品种，进行深海资源利用，实现陆海统筹“三产贯通”。

青岛海洋大科学中心在推进建设中，整合胶州湾站、黄河口站、牟平站、长江口站、黄海浮标观测网、东海浮标观测网、热带西太平洋潜标观测网“四站三网”，构建了国际上最大规模的“海岸带—近海—大洋”一体化综合观测网络，实现了从海洋表层至海底的全水层实时观测、探测和研究，可提供高质量、长时序、多参数的基础观测数据，形成资源开放共享机制，能够为气候异常预测、防灾减灾预报、国防安全预警、海洋经济发展等海洋环境安全保障提供服务。“四站三网”的观测数据构成了青岛海洋大科学中心的大数据中心，将成为海洋科研领域重要的“云平台”。

综合研判，我国近年来大科学装置的发展态势值得注意：

第一，领域迅速扩展，形态多种多样，数量持续增长，水平不断提升，影响愈来愈深刻和广泛；依托大型科学装置形成的大型科学基地和高技术园区成为国家创新能力和国际科技竞争力的重要力量；由于科学目标不断提升且资源需求越来越大，其建设和利用的国际化特点日趋增强。

第二，从国家制定重大科技基础设施中长期发展规划看，我国政府已将原来“大科学装置”的支持力度和范围扩展成为“重大科技基础设施”。

这一新的界定规定了其基本属性——具有重大科学意义和国家需求：是长期运行的基础设施，既不是研究机构，也不是为某个研究项目建设的短期使用的实验设施；是一个开放、共享利用的国家设施，而不是仅满足一个研究机构的需要。

第三，作为重大科技基础设施建设，国家投资巨大且稳定。

四、积极承担国家大科学装置建设任务的政策建议

气象事业是科技型、基础性、先导性的社会公益事业，是国家科技创新专业化的研究领域，在气象监测、预报预警、应对气候变化、气候资源开发利用等重要研究领域已具备进入世界气象科技前沿的能力，也具备承担国家大科学装置建设任务的能力和水平。目前，气象专业化的大科学装置缺乏，与国内大科学装置迅速发展的态势相比，全国气象部门积极申报承担国家大科学装置建设任务的反应较为迟缓，与建立国家科技创新体系对气象科技发展的需求、发展气象研究型业务的要求有明显差距，也制约了气象精密监测、精准预报、精细服务的科技创新。因此，迫切需要把加快建设大科学装置作为追赶世界气象科技先进水平、突破“卡脖子”瓶颈的一个重大举措，加强紧迫感，发挥国家气象科技创新主力军作用，制定发展战略，快速扭转相对滞后的局面，补齐气象科技创新的短板，为国家科技创新做出应有贡献。

（一）加强发展规划和顶层设计

一是制定气象部门承担国家大科学装置建设的管理办法，明确气象大科学装置建设的管理体制、牵头单位、责任单位，对开展项目预研、提出项目建议、可行性研究、初步设计和投资概算、开工准备、工程建设、竣工验收和运行管理等前期培育、组织申报、建设运行的管理流程作出相关规定。二是加强与国家发展改革委高技术部门沟通协商，积极做好主动申报、承担国家大科学装置建设任务的相关事宜。三是加强气象大科学装置发展规划，建议编制气象部门承担国家大科学装置建设 2020—2035 年中长期规划和 5 年发展规划，明确发展目标、建设目标，明确发展路线图

的战略构想，以及优先布局、组织申报的主要领域，适度超前规划各重点领域各阶段的发展趋向、主攻方向、可能突破的重大科学技术问题，统筹构建“国家级抓总、区域/领域主战、省级主建”的改革创新发展新格局。

（二）强化大科学装置超前探索和预研

大科学装置具有建设和研制的双重性质，应有计划开展项目预研。通过预研，初步确定气象大科学装置的科学目标、工程目标、建设内容和总体技术方案，同时开展原理探索、技术攻关、流程优化、工程验证等前期研究，并验证建设方案基本技术路线的可行性。一是围绕世界科技前沿、国家战略需求和经济社会发展、生态文明建设重大需求，瞄准国家大科学装置的优先布局领域，组建研究团队，前瞻开展数值天气预报模拟装置、气候系统观测网络、气象卫星及遥感应用网络、人工影响天气装置、综合气象灾害探测与实验仿真模拟等探索预研工作，系统安排原理探索、技术攻关、工程验证等预研项目，夯实气象部门承担国家大科学装置建设的人才、技术和工程储备基础。二是建立全国气象部门气象大科学装置培育项目库，并根据未来建设进展进行动态调整。三是择优推荐培育项目申报国家大科学装置建设任务，不断深化后备项目的筹备论证。

（三）聚力优先领域启动申报工作

气象工作事关国计民生、衔接地球系统，是适合开展大科学研究的重要方向，国家能源、生命、地球系统与环境、材料、粒子物理和核物理、空间和天文、工程技术等 7 个大科学装置中 4 个领域均与气象相关。应落实习近平总书记关于气象工作的重要指示精神，聚焦国家大科学装置的优先领域加快项目预研，按照“成熟一项、申报一项”的原则，“十四五”时期，建议借鉴目前国家已运行或正在建设的中国地壳运动观测网络、北京遥感卫星地面站、北京遥感飞机、海底科学观测网、地球系统数值模拟装置、空间环境地面模拟装置、中国南极天文台、大气环境立体探测实验研究设施、中国陆地生态系统观测实验网络等一批大科学装置，做好以下科技基础设施的项目建议书、可研报告、初步设计的预研、编制工作。

1. 推动建设数值预报模拟大科学装置

针对我国数值天气气候预报预测模式关键核心技术受制于人的难题，推进天气气候系统一体化模拟装置建设，大幅提高我国天气气候系统模拟的整体能力和重大气象灾害预报预警、气候变化预估的研究水平，大幅提高气象保障生命安全、生产发展、生活富裕、生态良好的能力和水平，真正摆脱对国外全球数值预报的依赖。

2. 推动建设国家气候系统观测网络大科学装置

构建"陆—海—空""天—空—地"一体化综合气候系统观测网络，实现多时空实时观测、探测和研究，提供高质量、长时序、多参数的天气气候、气候变化基础气象观测数据，形成资源开放共享机制，加强天气气候异常预测、防灾减灾预报预警以及粮食安全、水资源安全、大气环境预警等，为经济社会发展、生态文明建设提供有力支撑和保障。

3. 特大暴雨、雷暴、台风等综合气象灾害探测与实验仿真模拟大科学装置

针对我国部分关键核心气象监测装备依赖进口这个"卡脖子"问题，推进重大气象灾害探测与实验仿真模拟装置建设，大幅提升我国重大气象灾害气象监测仪器设备的研制水平、预报预警水平，形成国际一流的灾害监测设备高技术成果辐射基地，促进和带动我国气象监测仪器国际化、战略性发展。

（四）与北京、上海、合肥、深圳共创国家综合性科学中心、共建气象大科学装置

建议借鉴中国科学院的做法，组建气象大科学中心或气象大科学装置推进协调议事机构，加强与北京、上海、合肥、深圳等地方政府、相关高校对接和商洽，主动融入和支持国家科创中心、综合性国家科学中心建设，重点围绕综合气象观测、气象灾害预报、雷达卫星等气象装备以及人工影响天气等若干领域，共谋、共建一批气象大科学装置，实现借力发展。

（五）推进气象大科学装置国际化布局

我国已承办世界气象组织的世界气象中心、全球信息系统中心、全球

长期预报制作中心、东亚季风活动中心等20个世界气象业务科技中心建设，这是气象部门特有的国际气象科技业务集群优势。建议积极争取世界气象组织的支持，联合中国科学院、部分高校、地方政府在国内率先推进国际气象科技创新基地建设，以此为基础合作建设面向共建“一带一路”国家的气象科技创新联盟和气象科技创新基地，推动气象大科学装置的国际化布局，为推进人类命运共同体做出气象贡献。

（来源：《咨询报告》2020年第3期）

“东数西算”对气象高质量发展的影响及对策*

摘要：国家发展改革委、中央网信办等部门和相关地方政府出台了一系列政策文件和建设方案，全面启动“东数西算”工程。与“南水北调”“西电东送”工程类似，“东数西算”工程也是一个系统性、大规模的长线工程，对于优化我国算力资源空间布局，构筑我国数字经济发展新优势具有重要意义。中国气象局是高度依赖数据和算力的部门，因此，必将受到国家“东数西算”工程的影响。在广泛调研和征求专家意见的基础上，形成此报告。研究认为，“东数西算”工程将使气象信息系统建设受到更多限制，影响气象数据中心、超算中心及全国气象业务布局，并要求进一步提高气象信息系统关键性能指标。基于此，本报告提出继续坚持自建算力资源支撑核心业务、选择“东数西算”重点省份开展“以租代建”试点示范、谋划对全国气象业务作适应性调整等建议措施。

2022年2月17日，国家发展改革委、中央网信办、工业和信息化部、国家能源局4部门联合印发通知，同意在京津冀、长三角、粤港澳大湾区、成渝，以及内蒙古、贵州、甘肃、宁夏等地启动建设国家算力枢纽节点，并规划了10个国家数据中心集群，“东数西算”工程全面启动。“东数西算”工程是我国从国家战略、技术发展、能源政策等多方面出发启动的一项国家重大工程，对于优化我国算力资源空间布局、提高数据资源利用效率、推动东西部协调发展具有重要战略意义。

---

* 执笔人：周勇　曾沁

"东数西算"工程中的"数"指的是数据,"算"指的是算力。中国气象局是高度依赖数据和算力的部门。因此,"东数西算"对气象部门有没有影响?有什么影响?该如何应对?这些都是值得高度关注的问题。

一、"东数西算"事关国家经济社会发展大局

(一)"东数西算"工程概况

"东数西算"工程是一项与"南水北调""西电东送"和"西气东输"等工程相似的国家重大战略工程,其目的在于将东部算力需求有序引导到西部,国家发力、市场接力,打造全国算力"一张网",构筑我国数字经济发展新优势。据中国电子信息产业发展研究院①援引相关机构测算,到 2025 年"东数西算"工程 10 个国家数据中心集群总投资可达 4000 亿～5000 亿元。

"东数西算"不是"数据存在东部、拿到西部去算"的数算分离,而是要充分利用西部绿色低碳、低成本土地和能源资源,实现东部经济发达地区数据"异地处理、本地服务",构建起"数算一体"的全国数据中心创新体系。

"东数西算"工程将在八大国家算力枢纽节点建设 10 个数据中心集群(详见附录 1)。根据地理位置和发展定位不同,枢纽节点可分为两大类:一类枢纽节点是位于东部地区的京津冀、长三角、粤港澳大湾区和成渝枢纽,所在地区用户规模大、算力需求旺盛,主要承载实时性要求较高的灾害预警、电子商务、金融证券等业务;另一类枢纽节点是位于西部地区的内蒙古、贵州、甘肃和宁夏枢纽,土地、电力和劳动力等成本低廉,且气候适宜,是算力设备的天然冷却场所,主要承载实时性要求较低、价格敏感度高的备份存储、后台加工、网站维护、离线分析等业务,分担东部地区算力压力。

(二)"东数西算"的战略意义

在新发展格局下,数据已成为新的生产要素,数字经济成为我国经济

---

① 中国电子信息产业发展研究院(CCID)是工业和信息化部直属单位,又称赛迪研究院。

持续增长的重要引擎，其中算力又是数字经济的核心生产力。“东数西算”工程旨在优化我国算力资源空间布局、提高数据资源利用效率，对于国家、部门和社会发展都具有很强的战略引领作用。

“东数西算”工程夯实我国数字经济发展基础。“东数西算”工程通过数据中心全国一体化布局，整体上扩大算力设施规模、提升算力使用效率，有助于全国算力的规模化、集约化发展，将带来集约效应，支撑我国数字社会转型发展，加速提升数字经济在我国国民经济中的占比。

“东数西算”工程有助于促进区域协调发展。算力设施由东向西布局，将带动相关产业有效转移，促进东西部数据流通、价值传递，在延展东部发展空间的同时，为西部地区转型发展注入新动力。

“东数西算”工程发挥绿色低碳示范效应。算力枢纽西迁，可充分发挥西部区域气候、能源、环境等方面的优势，促进可再生能源的就近消纳，通过数据、算力和能源的高效联动，为新型基础设施绿色、低碳和可持续发展提供示范。

二、“东数西算”对气象高质量发展有重要影响

“东数西算”工程将影响气象信息系统建设方式、系统布局和指标设定，并进而影响到全国业务布局。

（一）气象信息系统建设将受到更多限制

一方面，“东数西算”工程一系列相关政策、方案的出台，进一步完善了国家对信息化“新基建”的顶层设计，指向性和指导性非常明确，各部门在设计建设信息系统时的“自由空间”收窄，建设规模、布局和指标等都将受到更多约束，相关工程审批更难。另一方面，在“东数西算”工程建设中，政府主要发挥指挥和引领作用，企业将是工程建设的主力军，这对气象信息系统建设方式具有示范作用，要更多依靠社会力量，租建结合、提高性价比。

（二）气象数据中心和高性能计算中心布局将受到直接影响

从国家层面上看，数据中心的适度聚集，有利于降低建设和运行维护

成本、提高效益。所以，国家信息中心、应急管理部、公安部等单位的主备数据中心选址，大都与“东数西算”工程八大国家算力枢纽节点一致（详见附录2）。《“十四五”气象信息网络业务发展规划》提出了“北京主中心—西安备份中心—京外高性能计算中心”的“三地三中心”系统布局，西安备份中心建于“东数西算”工程之前（不属于国家算力枢纽节点），但“京外高性能计算中心”的建设选址难免要受“东数西算”工程的影响。

（三）全国气象业务及业务系统布局将受到间接影响

首先，在数据业务布局上，除了融入生产运营和应急减灾实时过程的气象数据（如：对时效追求永无止境的灾害预警数据，以及无人港装卸货、城市轨道运行等实时气象服务数据），一般延时需求都在秒级以上，都可归为“非实时性”数据业务，可以逐步“西移”（即向绿色低碳地区迁移）。其次，国家“东数西算”战略布局，也为气象部门提供了一个畅通全国、辐射全球的“网络、算力、数据”一体化的国家大云，为改变当前气象专有云与各级政府“层层对接”的方式提供了基础，有助于将来实现一点接入，服务全省、全国乃至全球。

（四）气象信息系统关键指标将要进一步提高

国家启动“东数西算”工程建设后，气象信息系统的电能利用效率（PUE）[①]指标也将“水涨船高”。目前，国家级气象高性能计算机系统的电能利用效率是1.4，国家要求到2023年降低到1.3以下[②]，而“东数西算”工程提出建设的10个国家数据中心集群中，张家口、韶关、长三角、芜湖、天府、重庆集群的电能利用效率在1.25以下，和林格尔、贵安、中卫、庆阳集群的电能利用效率在1.2以下。这表明国家对绿色低碳发展的要求不断提高。预期今后国家发展改革委审批气象信息系统相关建设工程时，

① 电能利用效率（PUE）是一个用来确定数据中心能源效率的度量方法，越接近于1代表整体效率越高。

② 工业和信息化部《新型数据中心发展三年行动计划（2021—2023年）》中提出：到2023年底，新建大型及以上数据中心PUE降低到1.3以下，严寒和寒冷地区力争降低到1.25以下。

节能指标也将从严。

三、建议措施

基于上述分析，提出建议措施如下：

（一）继续坚持自建算力资源支撑核心业务

气象部门对高性能计算和数据存储能力的需求很大。根据数值预报发展规划，测算出国家级业务模式所需高性能计算峰值运算能力到 2025 年约需 255 PFlops，约为当前能力的 25 倍，而且，在计算中还将产生大量数据，需要及时存储。为此，气象部门要抓住“东数西算”工程建设机遇，在国家算力资源总体布局框架下，优先选择国家算力枢纽节点所在地同址或就近建设气象数据中心和高性能计算中心，用好用足国家政策，争取各级政府部门在用地、土建、投资、用电等方面的更大支持，提高投资效益。

（二）选择“东数西算”重点省份开展“以租代建”试点示范

随着“东数西算”工程的建设，可供政府部门使用的公共算力资源将日趋丰富，使用成本也会逐步下降。合理搭配使用部门自建系统与社会公共算力资源，既符合国家政策导向，又有助于推动信息网络保障工作社会化，把部门资源聚焦到主要业务上，从而促进高质量发展。鉴于目前各地发展水平差异较大、相关政策不尽完善，所以，宜先鼓励和支持“东数西算”重点省份开展“以租代建”试点示范，通过“租设备、建系统”或直接购买算力资源服务等多种方式扩充资源，支撑非核心业务及面向社会的信息服务。通过试点示范，还可探索利用财政资金购买算力资源，逐步替代以工程建设费为主支持信息化发展的新模式，为向全国推广积累经验。

（三）谋划对全国气象业务作适应性调整

随着数字化与气象业务的融合日趋深入，气象信息网络系统布局的变化也将对全国气象业务布局产生重大的“反作用”。未雨绸缪，及早谋划全国气象业务布局调整方案并组织试点，有助于促进气象融入国家和地方数字经济发展、数字社会治理和数字防灾减灾。一方面，对于突发灾害预警等要求越快越好的高实时性业务，宜靠近用户部署，直连直通（例如直接接入地方政府“城市大脑”平台），不必等到国家气象大数据云平台汇集后再提供给用户，以提高时效。另一方面，对于一般的气象观测、预报和绝大部分服务业务都可归为非高实时性业务，其业务支持平台符合国家“向西”（即向绿色低碳地区）布局的条件，宜尽可能向“东数西算”的“西部”地区集中建设，以促进集约化发展。

附录 1　“东数西算”国家算力枢纽节点及数据中心集群对比分析

附录 2　国家信息中心、应急管理部和公安部数据中心布局

附录 1 “东数西算”国家算力枢纽节点及数据中心集群对比分析

地区	枢纽节点	集群名称	集群特点	电能利用效率指标	起步区边界范围	发展定位
东部	1. 京津冀枢纽	1. 张家口数据中心集群	高密度、高效能、低碳	≤1.25	张家口市怀来县、张北县、宣化区	积极承接北京等地实时性算力需求，引导温冷业务向西部迁移，构建辐射华北、东北乃至全国的实时性算力中心
	2. 长三角枢纽	2. 长三角生态绿色一体化发展示范区数据中心集群	高密度、高效能、低碳	≤1.25	上海市青浦区、江苏省苏州市吴江区、浙江省嘉兴市嘉善县	积极承接长三角中心城市实时性算力需求，引导温冷业务向西部迁移，构建长三角地区算力资源“一体协同、辐射全域”的发展格局
		3. 芜湖数据中心集群	高密度、高效能、低碳	≤1.25	芜湖市鸠江区、弋江区、无为市	
	3. 粤港澳大湾区枢纽	4. 韶关数据中心集群	高密度、高效能、低碳	≤1.25	韶关高新区	积极承接广州、深圳等地实时性算力需求，引导温冷业务向西部迁移，构建辐射华南乃至全国的实时性算力中心
	4. 成渝枢纽	5. 天府数据中心集群	高密度、高效能、低碳	≤1.25	成都市双流区、郫都区、简阳市	平衡好城市与城市周边的算力资源部署，做好与“东数西算”的衔接
		6. 重庆数据中心集群	高密度、高效能、低碳	≤1.25	重庆市两江新区水土新城、西部(重庆)科学城璧山片区、重庆经济技术开发区	

续表

地区	枢纽节点	集群名称	集群特点	电能利用效率指标	起步区边界范围	发展定位
西部	5. 贵州枢纽	7. 贵安数据中心集群	高密度、高效能、低碳	≤1.2	贵安新区贵安电子信息产业园	以支持长三角、粤港澳大湾区等为主，积极承接东部地区算力需求
	6. 内蒙古枢纽	8. 和林格尔数据中心集群	高密度、高效能、低碳	≤1.2	和林格尔新区和集宁大数据产业园	为京津冀高实时性算力需求提供支援，为长三角等区域提供非实时性算力保障
	7. 甘肃枢纽	9. 庆阳数据中心集群	绿色、集约、安全	≤1.2	庆阳西峰数据信息产业聚集区	重点服务京津冀、长三角、粤港澳大湾区等区域的算力需求
	8. 宁夏枢纽	10. 中卫数据中心集群	高效、清洁、集约、循环	≤1.2	中卫工业园西部云基地	积极承接东部算力需求

附录2　国家信息中心、应急管理部和公安部数据中心布局[①]

1. 国家信息中心国家级电子政务云数据中心体系

国家信息中心[②]牵头在全国范围内建设“一主三备”国家级电子政务云数据中心体系。其中，河北廊坊数据中心为主中心，贵州贵阳中国电信数据中心和内蒙古呼和浩特中国联通数据中心分别作为南方节点和北方节点，西部节点落地宁夏回族自治区中卫西部云基地中国移动数据中心。

2. 应急管理部数据中心体系

应急管理部在其《应急管理信息化发展战略规划框架（2018—2022年）》中规划了“1＋3”的部本级数据中心、区域数据中心和边缘节点，其中部本级数据中心包括北京主数据中心和贵阳备份数据中心、上海冷数据存储中心、中卫高性能计算中心。

3. 公安部大数据中心体系

公安部规划了“1＋1＋4”的大数据中心体系，在北京部署公安部大数据主中心，用于收集各大区上报的数据，在贵州部署灾备数据中心，用于备份主中心的数据，在浙江、上海、广东、宁夏分别部署4个分中心，用来汇集所管辖区省份的业务数据。

（来源：《咨询报告》2022年第2期）

---

① 附录1、附录2信息来源均为国家信息中心、北京大学。

② 国家信息中心（国家电子政务外网管理中心）是国家发展和改革委员会直属事业单位，作为以经济分析预测、信息化建设和大数据应用为特色的国家级决策咨询机构和国家电子政务公共服务平台，负责带动全国经济信息系统和电子政务外网系统业务发展，为各地区各部门经济和信息化建设提供了重要支撑。

关于气象部门推进人工智能应用的若干建议*

摘要：人工智能是影响面广的颠覆性技术。习近平总书记曾指出，要把新一代人工智能作为推动科技跨越发展、产业优化升级、生产力整体跃升的驱动力量，努力实现高质量发展。目前，国内外气象部门和相关院校企业已经在人工智能气象应用的多个方向进行了探索，积累了一定经验，也面临若干问题。在广泛调研和咨询部门内外专家意见的基础上，本报告提出加强组织管理，健全气象人工智能应用组织体系；加强顶层设计，优化气象人工智能应用发展布局；加强能力建设，构建气象人工智能应用良好生态；加强人才引培，强化气象人工智能应用智力支撑；加强开放合作，形成气象人工智能应用发展合力5条建议措施。

国务院印发的《新一代人工智能发展规划》指出，人工智能是影响面广的颠覆性技术。世界气象组织及美欧等国家和地区都已对推进人工智能应用作出了相应部署。国务院印发的《气象高质量发展纲要（2022—2035年）》中，多处提到人工智能，并在目标中提出"到2035年，气象关键科技领域实现重大突破，气象监测、预报和服务水平全球领先，国际竞争力和影响力显著提升，以智慧气象为主要特征的气象现代化基本实现"。无论是从国家战略角度出发，还是从国际气象科技前沿和中国气象事业发展角度考虑，中国气象局都应高度关注人工智能技术，加紧行动。

---

* 执笔人：周勇　李欣　唐伟　陈鹏飞　郝伊一　伍洋　郭转转

一、美欧气象部门推进人工智能应用的措施

美国国家海洋和大气管理局（NOAA）和欧洲中期天气预报中心（ECMWF）已经从算力、数据、算法和管理等多方面着手，调用全球力量，全面、系统地推进人工智能在气象领域的应用。

（一）通过优化资源配置和系统设计，提升人工智能算力支撑

1. 加强部门自身超级计算机能力建设

ECMWF平均每4～5年对超级计算机系统升级一次。2022年10月18日投入业务运行的Atos Sequana XH2000系统，总投资超过8000万欧元，性能是上一代Cray XC40系统的5倍。随着2022年6月28日NOAA宣布两台运算速度各为12.1 PFlops的超级计算机（分别位于弗吉尼亚州马纳萨斯和亚利桑那州凤凰城）投入应用，NOAA的超级计算机系统总能力已达到42 PFlops。

2. 共享利用政府公共设施和企业资源

“欧洲高性能计算共同计划”（EuroHPC）是欧盟、欧洲国家和私人合作伙伴之间的一项联合计划，为天气预报、气候变化、材料设计和生物工程等提供世界领先的算力资源。目前，“欧洲高性能计算共同计划”已经采购了8台超级计算机，分布在欧洲各地，总峰值运算速度超过1244 PFlops。ECMWF“可扩展气象学和气候的机器学习”项目由EuroHPC支持，始于2021年，为期3年，旨在为大规模机器学习应用做准备。《未来10年ECMWF机器学习路线图》提出，欧洲天气云[①]将成为未来机器学习训练和应用的重要资源，且已有科学家将其用于大型数据集的机器学习。此外，ECMWF与信息技术公司Atos合作，于2020年组建卓越中心（Center of Excellence），使用Atos公司的量子学习机（QLM），开展面向天气和气候的超级计算、人工智能和量子计算研究。

---

① 欧洲天气云（European Weather Cloud）是由欧洲中期天气预报中心（ECMWF）和欧洲卫星组织（EUMETSAT）联合建立的分布式云计算基础设施，作为欧洲气象应用开发和运营的云协作平台，用于支持欧洲气象用户数字化转型。

3. 采用适合人工智能的混合系统架构

人工智能算力系统与传统超级计算机系统的最大区别在于处理器方面。传统超级计算机系统的核心算力主要由高性能 CPU 提供，注重双精度[①]通用计算能力，追求数值计算的精确性；而人工智能算力系统大量使用 GPU[②]、TPU[③]、众核处理器[④]等加速器件，着重并行计算效率和单精度/半精度计算性能，面向神经网络运算优化。为支持人工智能研发应用，美欧气象部门使用的超级计算机系统绝大部分都采用了 CPU 和 GPU 混合系统架构。仅以 EuroHPC 的 LEONARDO 超级计算机系统为例，该系统拥有 3456 个计算节点，每个节点由 4 块 GPU 和 1 块 CPU 构成，合计 GPU 数量达到 13824 块(对比：国家气象信息中心新购超算系统有 47 个节点，共 208 块 GPU)。在上述美欧超级计算机系统中，常用的 GPU 芯片是 NVIDIA A100，自 2022 年 8 月 26 日起，该芯片被美国政府纳入对华出口管制范围。

(二)通过制作发布优质气象数据集，夯实人工智能数据基础

1. 提高常规通用数据集的质量

天气气候常规通用数据集对于发展人工智能仍很重要。华为盘古气象大模型和谷歌 GraphCast 模型等使用的都是 ECMWF 第五代大气再分析资料(ERA5)[⑤]，该数据集属于天气气候科研业务常用数据集，并非为发

---

① 根据 IEEE 二进制浮点数算术标准(IEEE 754)，以二进制所表示的数字精度有双精度、单精度和半精度(每个数字分别占 64 位、32 位和 16 位)等，精度越高，计算越精确。

② GPU，即图形处理器，最初目的是帮助 CPU 处理图形显示任务。因其具备进行海量数据并行运算的能力，与深度学习的需求不谋而合，因此成为人工智能领域的主力芯片之一。

③ TPU 是谷歌公司生产的一种人工智能专用集成电路(ASIC)，与同时期的 GPU 或 CPU 相比，具有性能强、体积小、功耗低等优点。

④ 众核处理器采用将多个处理核心整合在一起的处理器架构。与 GPU 相比，众核处理器可以支持更加复杂的控制逻辑和数据类型。增加内核数量，可以提升众核处理器的性能，但芯片面积和功耗也会随之增大。因此，众核处理器更适用于数据中心部署的各类 AI 训练和推理任务。

⑤ ECMWF 第五代大气再分析资料(ERA5)由 ECMWF 的哥白尼气候变化服务中心(C3S)制作，覆盖时间从 1940 年 1 月至今。ERA5 提供了大量大气、陆地和海洋气候变量的逐小时估计值。这些数据采用间距 30 千米网格，垂直 137 层(从地表到 80 千米高度)，并包括在降低空间和时间分辨率时所有变量的不确定性信息。

展人工智能而专门开发。目前，除 ERA5 外，常被用于人工智能研发应用的数据集还包括 CMIP6① 数据集和 TIGGE② 数据集等。

2. 研发人工智能专题和基准数据集

相对于大模型所用的大数据集，经过预处理的专题数据集更适合小规模深度训练模型。美欧制作并发布了多套经过预处理的专题数据集，如：美国国家大气研究中心（NCAR）、劳伦斯伯克利实验室和 NOAA 联合制作的“地球系统科学人工智能 Hackathon 数据集”、NCAR 大气模式工作组（AMWG）制作的“社区大气模型（CAM5）基础上的极端天气数据集”、ECMWF 制作的“次季节到季节（S2S）人工智能挑战数据集（S2S AI Challenge Datasets）”等。此外，ECMWF 提出，为了进行研究成果的相互比较，需要提供人工智能基准数据集。2020 年，德国拉斯普（Rasp）教授等发布了机器学习在天气和气候建模中应用的第一个基准数据集 WeatherBench。此后，用于全球空气质量机器学习的基准数据集 AQ-Bench、用于训练和评估全球云分类模式的基准数据集 CUMUL、用于卫星图像预报全球降水的基准数据集 RainBench 等数据集被陆续发布。

3. 采取提高数据质量和促进数据应用的配套措施

为提高数据质量，ECMWF 建立了完善的用户反馈和改进机制，如：通过其官方网站，及时发布用户对 ERA5 数据集质量的反馈信息和对错误数据的错因分析及处理情况。在促进应用方面，世界气象组织（WMO）引述了数据科学界的“数据引力”（Data Gravity）③概念，并将其用于人工智能领域。《WMO 关于数据处理和人工智能在环境建模中应用的概念说明》指出，将加强在数据格式和标准、数据所有权角色和责任、数据政策等方面的指导，以提高人工智能数据集的可查找性、可访问性、互操作性和重用性。

---

① CMIP6（第六次国际耦合模式比较计划）数据集包含各种不同情景下的全球气候模式数据。

② TIGGE（THORPEX Interactive Grand Global Ensemble，全球多模式集合预报）数据集包含来自全球不同业务中心的 15 年全球集合预报档案（非实时）。

③ 数据引力（Data Gravity）是数据科学界提出的一个新概念，用来表示数据集吸引应用程序、服务和其他数据的能力。数据集质量越高、数据量越大，对其他应用和数据的吸引力就越大。

(三)通过引领合作与强化平台支撑,促进人工智能算法创新

1. 提供方向指引

整体而言,人工智能气象应用仍处于探索前进阶段。美欧通过规划引领、交流研讨和经验分享等方式,凝练主攻方向,力求把有限资源聚焦到重点领域。首先,是规划引领。《NOAA 人工智能战略规划(2021—2025 年)》提出了提高数据处理效率、开发自动检测和分类工具包、改进数据同化和预报模式等人工智能算法研发的重点方向。其次,是交流研讨。例如,2022 年欧洲中期天气预报中心(ECMWF)和欧洲空间局(ESA)联合举办的第三届"机器学习用于地球观测和预报"国际学术交流会,提出了地球观测、混合数据同化、数值模式仿真和面向用户的地球科学等人工智能应用的 4 个重点应用研发方向。再次,是经验分享。例如,2023 年初,WMO 对全球天气、水、海洋、气候和环境领域人工智能应用案例进行梳理,提出了数据预处理和数据同化、模式参数化替代、模式降尺度(包括偏差校正和模式输出处理等)、极端事件检测和归因分析、基于确定性模式输出结果后处理的产品制作、基于集合预报(单模式和多模式)输出结果后处理的产品制作、实时数据融合,以及分类和简化模型等 8 个重点应用研发方向。

2. 强化平台支撑

集数据、算力和开发工具于一体的平台,是支撑人工智能算法研发和运行的必备环境条件。通过与企业合作、直接利用开放社区平台等方式,美欧气象部门以低成本快速搭建起了若干支撑人工智能算法研发的平台。在美国,NOAA 与谷歌、微软和亚马逊合作实施了 NOAA 开放数据传播(NODD)计划,通过加强公私合作伙伴关系,促进全面和开放的数据访问,并与商业伙伴提供的开发工具相结合来鼓励创新。在欧洲,ECMWF 利用全球最大的开源软件开发社区平台 GitHub,向公众提供 5 种级别的软件代码(包括 ECMWF 官方软件包、ECMWF 综合预报系统开源组件、用于探索性工作和单次培训与开发活动的软件包、特定用户科研任务

软件包和欧洲夏季天气（ESoWC）项目软件包），并建立开源社区与内部业务系统结合的流程规范（图 1）。此外，欧盟委员会资助建立了一套基于云的数据和信息访问服务（DIAS）平台，为用户提供发现、操作、处理和下载哥白尼（Copernicus）数据和信息的能力，允许用户在云中开发和托管自己的程序。

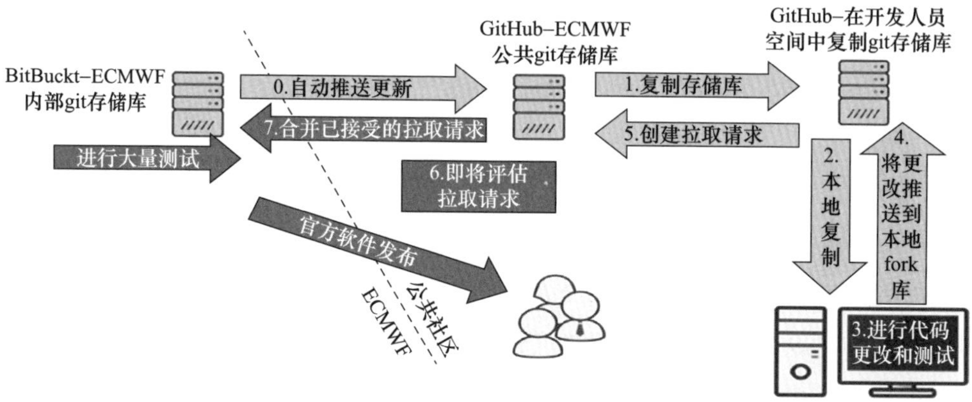

图 1　GitHub 开源软件开发社区平台与 ECMWF 内部业务的衔接流程

3. 组织创新活动

以竞赛形式，吸引跨学科、跨部门科研人员参与算法研发，是各国推进人工智能发展的一项共性措施。《NOAA 人工智能战略规划（2021—2025 年）》提出，要通过组织一系列年度竞赛，加速 NOAA 人工智能研发。从 2020 年起，NOAA 每年与英伟达（NVIDIA）等合作伙伴联合举办人工智能竞赛，推进 GPU 的使用和模式移植。2021—2022 年，世界气象组织、瑞士数据科学中心（SDSC）和 ECMWF 共同组织了名为“S2S-AI-Challenge”的人工智能次季节预报大赛，利用人工智能/机器学习技术改进降水和温度预报。

（四）通过科学管理和组织学术交流，营造人工智能发展生态

1. 加强顶层设计

美国和欧洲都已经制定了推进人工智能研发应用的整体战略。NOAA 于 2020 年发布《NOAA 人工智能战略》，提出了五大战略目标；又于

2021年发布《NOAA人工智能战略规划(2021—2025年)》,明确了分阶段任务和分工。ECMWF于2021年发布《未来10年ECMWF机器学习路线图》,提出了总体框架、技术路线、分阶段目标、任务清单,以及到2031年的长期愿景。美欧人工智能顶层设计建立在充分调研的基础上,《NOAA人工智能战略》和《未来10年ECMWF机器学习路线图》发布前,NOAA和ECMWF都曾组织过大规模的人工智能国际研讨会,广泛听取政府、科研机构、企业及国外同行的意见,编制准备时间都长达一年以上。

2. 健全管理体系

NOAA成立人工智能执行委员会(NAIEC),负责监督人工智能战略规划的执行;扩大NOAA科学委员会(NSC)及NOAA科学与技术协同委员会的范围,负责加强NOAA人工智能战略与NOAA数据战略、云战略、无人系统战略等的协同;组建NOAA人工智能中心(NCAI),负责人工智能技术规程和标准,并扩大合作;建立NOAA人工智能工作组(NAIWG),负责为NAIEC和NCAI提供技术指导。ECMWF增设人工智能和机器学习活动协调员岗位,负责协调整个ECMWF人工智能和机器学习相关活动,并协调与人工智能相关的其他规划活动,《未来10年ECMWF机器学习路线图》即由该协调员牵头编制。

3. 推动交流合作

从2020年起,欧洲中期天气预报中心(ECMWF)和欧洲空间局(ESA)已经连续3年组织召开"机器学习用于地球观测和预报"国际学术交流会,每届会议都有来自世界各国政府部门、院校、企业的数百名专家学者参加,已经成为ECMWF最重要的学术活动之一,在促进跨学科合作与交叉融合方面发挥了重要作用。NOAA从2019年起每年组织召开国际会议"NOAA人工智能研讨会",为NOAA制定人工智能战略提供了支撑。此外,NOAA在其人工智能战略中明确提出:在人工智能基础环境方面,加强与国防部(DOD)、内政部(DOI)、能源部(DOE)和国土安全部(DHS)等部门的合作;通过合作研究与开发协议(CRADAs)、小企业创新研究基金(SBIR)等已有机制,建立新的公—私伙伴关系;与美国国家科学技术委员会(NSTC)人工智能特别委员会合作,通过国内/国际会议等形式加强学术交流。

二、中国气象局推进人工智能应用面临的挑战和对策

近几年,国务院和工信部、科技部等部门出台、印发了大量推进人工智能研发应用的政策文件,为气象部门推进人工智能应用提供了良好的政策环境。同时,国内企业也已经行动起来,参与到人工智能气象应用中。如:2022年11月,华为公司发布盘古气象大模型,支持秒级预测未来7天全球天气情况,相比传统方式速度提升1000倍、精度提升20%;2023年4月,上海人工智能实验室联合中国科学技术大学、上海交通大学、南京信息工程大学、中国科学院大气物理研究所及上海中心气象台联合发布全球中期天气预报大模型"风乌",实现了在30秒生成未来10天全球气象高精度预报结果。

2023年3月,中国气象服务协会、预报与网络司先后组织专题会议,从不同角度、不同层面就人工智能在气象领域的应用进行了研讨,以摸清底数、推动发展。通过研讨,与会各方对人工智能应用的重要性、紧迫性和部分重点方向达成了共识,同时,也提出了新形势下气象部门推进人工智能应用面临的一些困难和问题。

一是在思想认识上,因为人工智能的发展前景还有很大的不确定性,所以不同领导和专家对其重视程度差异很大。二是在管理上,对人工智能这种高投入、高风险的颠覆性技术缺乏管理经验,类似综合观测和数值预报等目标明确、进度明确、责任明确的管理方式难以奏效。三是在人才上,气象部门所能提供的收入待遇与社会企业差距过大,很难招收并留住足够的人工智能专业技术人才和复合型人才。四是在算力上,气象部门已建的超级计算机系统并未充分考虑人工智能发展需求,而自2022年美国政府实施芯片出口限制后,提升新建系统的人工智能算力将面临更多困难。五是在数据上,数据质量差距不可能在短期内补齐,数据壁垒仍是院校、企业参与合作的最大屏障,而在气象部门内部,科研项目数据共享

流转也并不顺畅。六是在技术上，目前，基础性研究乏人问津，原始创新能力不足，人工智能技术自身存在的过拟合[①]和可解释性[②]等问题，严重影响科研成果在预报业务和气象服务中的应用。此外，各单位研发力量分散、低水平重复等问题也比较突出。

三、建议措施

基于上述调研分析，建议从研发人工智能数据集、提升人工智能专用算力、开展应用基地和示范项目建设，以及加强组织协调管理等多维度着手，大力推进人工智能研发应用。

（一）加强组织管理，健全气象人工智能应用组织体系

要从战略的高度和全局的角度，高度重视气象人工智能应用工作，将气象人工智能应用作为气象高质量发展的新赛道和发展智慧气象的有力抓手。在中国气象局层面，成立由主要负责人为组长的气象人工智能应用专项工作领导小组，组建由部门内外专家组成的气象人工智能应用咨询委员会，统筹谋划和组织推动气象人工智能发展；明确牵头主管职能司，并成立专门处室，配备专门力量，加强对气象人工智能应用的整体谋划和业务管理，增强对全局人力、算力、项目和投资的统筹协调，改变过去气象人工智能应用多头管、无序管的状况。

（二）加强顶层设计，优化气象人工智能应用发展布局

尽快组织部门内外专家编制气象人工智能中长期发展规划，谋划好气象人工智能应用发展思路和目标、重点技术研发方向、重点应用领域以及重大工程项目。在重点应用领域方面，建议加强人工智能技术在地球系统观测、混合数据同化、数值模式仿真和面向用户的气象服务等方面的

---

① 过拟合问题是人工智能领域很多模型或算法的通病，指的是算法模型在训练集上表现得很好，但在实际预测时效果却很差。造成过拟合的原因有很多，如训练过程中使用的模型参数过多或过于复杂、使用过大的网络模型在小数据集上进行训练等。

② 可解释性问题是指对人工智能决策的依据、方法和内容等以简单清晰的方式进行解释，从而使具有不同知识背景的用户能够理解人工智能的决策过程、相信决策结果。

深度应用，打造精密监测、精准预报、精细服务人工智能应用场景，探索建立与人工智能技术应用相适应的业务技术体制。在重大平台方面，建议联合北京、上海、深圳等地方政府建立气象人工智能应用先导区或试验区，在合肥开展人工智能与量子计算结合应用前沿技术研究，充分利用地方优势资源开展试点示范项目建设，并将其作为气象人工智能应用的全国性创新平台。在重大项目方面，建议及早研究和谋划气象人工智能应用和智慧气象建设重大工程，并推动立项实施。

（三）加强能力建设，构建气象人工智能应用良好生态

首先，加大人工智能专题数据集和基准数据集研发力度。加快制定人工智能专题数据集和基准数据集研发清单，并根据应用需求和可操作性编排优先顺序。要加大项目和投资支持力度，鼓励跨单位、跨级别、跨学科组建团队，"揭榜挂帅"、分工合作，协同推进数据集研发工作。通过建立集数据、算力和开发工具于一体的开发平台，向部门内外人工智能应用者推介国产数据集。其次，要把人工智能算力需求纳入下一代超算系统设计中。从国外气象部门发展经验来看，即使有丰富的外部资源可供使用，也不能忽视部门自身算力资源的建设。建议：一是在下一代超级计算机系统迭代升级工程设计时，充分考虑人工智能算力需求，适度增加人工智能加速芯片算力占比；二是及早开展国产芯片和进口芯片性能比对试验，预先为工程实施做好技术储备；三是广泛调研产学研用多方意见，为将来实施国产化或国际化技术路线提供决策参考①。

（四）加强人才引培，强化气象人工智能应用智力支撑

把高端人才队伍建设作为气象人工智能应用发展的重中之重，增强人才对气象人工智能应用发展的支撑作用。创新人才引进渠道，探索特殊人才政策，加大人工智能高端人才引进力度。构建人才柔性流动机制，

① 国产化与国际化技术路线各有利弊。国产化可以减轻或避免对进口设备的依赖，但若与进口设备兼容性差，未来我国将可能日趋孤立，与"抱团取暖"的欧美国家差距拉大。反之，国际化有助于消化吸收国际先进算法和软件，但安全风险增大。

实现不求所有、但为所用的人才共享模式。强化气象人工智能应用团队和人才培养，设立气象人工智能应用人才培养合作机构，与南京信息工程大学等合作设立气象人工智能学院，构建气象人工智能应用专业培养新模式；与相关科研院所或企业合作成立气象人工智能应用重点实验室，专攻核心技术研发和技术应用。加强技术技能培训，充分发挥中国气象局气象干部培训学院培训主阵地的优势，联合相关部门培训资源，加大对不同层级人员的气象人工智能专业培训力度。

(五)加强开放合作，形成气象人工智能应用发展合力

人工智能应用跨学科、跨部门、跨地区，从国内外实践经验看，没有哪一个部门能够独自承担。对于中国气象局而言，破解人才、技术和算力等瓶颈问题，必须依靠与院校企业的广泛深入合作。要加强开放合作，调动行业内外优势资源共同参与气象人工智能应用发展，探索建立气象人工智能应用共创共建机制，与华为、百度等人工智能技术研究领先的企业建立气象人工智能应用长期战略合作伙伴关系，共同搭建科研创新、应用转化、咨询服务、人才培养的一体化平台，推动政产学研用的有机结合。充分发挥市场推动作用，鼓励和引导社会资本投入气象人工智能应用创新项目，积极支持气象龙头企业加大投入并培育具有自主核心技术的产业化能力。

附录 1　世界气象组织(WMO)人工智能活动动态

附录 2　我国近期发布的与人工智能相关的政策文件

附录1　世界气象组织(WMO)人工智能活动动态

近年来，世界气象组织（WMO）在全球人工智能（AI）技术创新和应用持续取得迅猛进展的背景下，通过编制“AI＋气象”标准和指南、设立示范项目、制定标准数据集等方式，积极推动人工智能在WMO会员中的研究和应用。针对人工智能活动，在WMO研究司设立了人工智能支持岗，目前由国家气象中心周康辉担任，专门负责推动人工智能的相关活动。

一、WMO关于人工智能的相关政策

WMO意识到人工智能对于未来天气预报和服务的影响，在2019年发布的《WMO战略计划（2020—2023年）》中提出，在大数据、众包和开源系统等趋势下，随着商业观测网络、数据和服务提供商的出现，以及数字技术的进一步推广，人工智能、认知计算、大数据技术等都将成为业务活动规则的改变者。

在《WMO 2024—2027年战略计划》中，WMO进一步明确了人工智能在未来天气预报和服务中的重要性，明确指出：要加强人工智能在气象业务系统中的应用；要为人工智能和机器学习在气象中的应用和研究提供指导；要推广使用人工智能等新技术和产品解决天气、水、气候、环境服务中出现的新问题。

与此同时，WMO基础委员会（INFCOM）在其最新的《INFCOM战略实施计划（2022—2027年）》中也明确指出了人工智能的作用：一方面将促进人工智能和机器学习（ML）等新技术在气象业务系统中的使用，以提高预测能力；另一方面，将继续评估人工智能和机器学习对提升全球数据处理和预报系统（GDPFS）预测水平的潜力。

此外，WMO在《无缝隙全球数据处理和预报系统路线图（2022—2026年）》中进一步明确了人工智能的作用，包括：把人工智能和机器学习用于改进基于观测的临近预报和数字预报（NWP）模型中的物理参数化，以提高模型性能和对高影响天气过程的预测能力；密切关注可能有助于推进无缝隙 GDPFS 的人工智能和机器学习进展，促进其在相关研究中的使用，以改进无缝隙 GDPFS 产品，并提供人工智能应用的最佳实践示例。

二、WMO 人工智能相关活动

（一）组建人工智能促进自然灾害管理核心组（FG-AI4NDM）

2020 年 12 月，WMO 联合国际电联、联合国环境规划署联合成立了人工智能促进自然灾害管理核心组（FG-AI4NDM）。

FG-AI4NDM 的目标是评估人工智能在自然灾害管理方面的应用潜力，并为监测和预测自然灾害，以及在灾害发生时提供有效通信奠定基础。为了实现这一目标，FG-AI4NDM 下设 5 个工作组（人工智能数据工作组、人工智能建模工作组、人工智能通信工作组、自然灾害管理中人工智能相关活动制图工作组以及教育资料工作组）和 10 个议题组，涵盖自然灾害监测和预测的各个方面，包括洪水、海啸、昆虫瘟疫、滑坡、雪崩、野火、病媒传播疾病、火山爆发、冰雹和风暴灾害等。FG-AI4NDM 的成立有助于加强全球自然灾害管理能力，推动人工智能技术在此领域的应用，以更好地预防和减少灾害对人们生命和财产的影响。目前，FG-AI4NDM 正在积极推动包括气象在内的相关领域范例、标准、数据集的编制和发布工作。

（二）组建 WMO 百亿亿次级计算、数据处理和人工智能任务组

该任务组成立于 2020 年 7 月，并于 2021 年 12 月完成任务后结束。任务组致力于研究大规模计算、数据处理和人工智能等领域的相关问题，以促进地球系统预测，并研究如何使发展中国家和小岛屿发展中国家（SIDS）受益。该任务组已完成和发布两份概念文件：《WMO 关于资料处理和人工智能在环境模拟中应用的概念文件》和《WMO 百亿亿次计算和数组处理概念文件》。

在《WMO 关于资料处理和人工智能在环境模拟中应用的概念文件》中，WMO 提出了对未来人工智能研究和应用的短期和长期行动建议。

短期行动建议：

（1）WMO 研究委员会促进运行端到端建模系统的各预报中心之间的交流，以支持制定人工智能行动计划和战略，并将人工智能方法纳入业务/生产工作流程。

（2）WMO 探索改善向客户提供服务的能力。通过使用人工智能方法，各预报中心尽可能把可用数据纳入流程链，并增强数据访问、计算平台、预报方法、员工培训等方面的能力。

（3）WMO 整理和制定指南和标准，应用于共享数据和工具集、人工智能方法的客观性能评估，并应在整个 WMO 范围推广。

（4）WMO 积极推动公私合作，促进人工智能方法在天气、水、海洋、气候和环境数据中的应用，特别是支持人工智能相关产品在发展中国家的应用。

（5）WMO 研究委员会推动运行端到端人工智能系统的预报中心之间就调整工作流方法开展合作，以应对不断增加的数据量。

长期行动建议：

（1）WMO 制定先进实践指南，以促进将人工智能方法纳入业务/生产工作流程。

（2）WMO 制定人工智能发展路线图，以协调人工智能发展。

（3）WMO 确定一个合适的机构，为共享数据和工具集、客观评估人工智能方法等制定推广指南和标准。

（三）设立 WMO 人工智能示范项目

为进一步推动人工智能在天气预报领域的应用，支持全民早期预警倡议，WMO 基础司、研究司等部门正在积极推动基于人工智能的临近预报示范项目（AINPP）。

该示范项目拟于 2023 年启动，旨在评估使用人工智能方法进行灾害性天气预报的可行性，并将基于人工智能的临近预报产品（包括闪电、冰雹、强对流、龙卷、暴雨和其他极端天气事件）应用到发展中国家（包括一些非洲国家），以改善 WMO 的天气服务并支持全民早期预警倡议。

该项目的主要预期成果包括：

(1)设立1～2个新的临近预报区域专业气象中心(RSMC)。

(2)促进世界气象中心(WMC)、RSMC和其他预报中心在人工智能方面的交流与互动。

(3)基于人工智能,在发展中国家(尤其是非洲国家)开发可业务应用的天气预报产品。

(4)发布基于人工智能的天气预报指南和基准数据集,以指导WMO会员开展人工智能活动。

(5)发布关于天气预报人工智能发展的现状报告,综述人工智能在天气预报中的现状,包括优点和不足,以及对未来研究和开发的建议。

目前,该项目已经吸引了来自德国气象局、中国气象局、美国卫星影像与数据中心(CIMSS)、香港天文台、英国利兹大学等单位的积极响应,同时还邀请了私营部门(如微软、英伟达等人工智能相关公司)的参与。

三、小结

近年来,WMO正在积极推动人工智能在气象领域的应用,通过制定标准和指南、设立示范项目、发布标准数据集等方式,推动"AI+气象"在WMO会员中的研究与应用。WMO在若干政策文件中也明确提出了人工智能的作用方向。为此,WMO设立了人工智能支持岗,并成立了核心组和任务组,推动人工智能在自然灾害管理和气象数据处理中的应用。2023年起,WMO将启动基于人工智能的临近预报示范项目,以改善天气服务并支持全民早期预警倡议。

附录2　我国近期发布的与人工智能相关的政策文件

一、国家推动人工智能发展的相关政策

国家推动人工智能发展的相关政策见表1。

表1　国家推动人工智能发展的相关政策文件

文件号	时间	文件名称
国发〔2017〕35号	2017年7月8日	国务院关于印发新一代人工智能发展规划的通知
工信部科〔2017〕315号	2017年12月13日	工业和信息化部关于印发《促进新一代人工智能产业发展三年行动计划（2018—2020年）》的通知
工信厅科〔2018〕80号	2018年11月8日	工业和信息化部办公厅关于印发《新一代人工智能产业创新重点任务揭榜工作方案》的通知
国科发高〔2019〕265号	2019年8月1日	科技部关于印发《国家新一代人工智能开放创新平台建设工作指引》的通知
国科发规〔2019〕298号	2019年8月29日	科技部关于印发《国家新一代人工智能创新发展试验区建设工作指引》的通知
国科发规〔2022〕199号	2022年7月29日	科技部、教育部、工信部、交通部、农业部、国家卫健委等六部门关于印发《关于加快场景创新以人工智能高水平应用促进经济高质量发展的指导意见》的通知
国科发规〔2022〕228号	2022年8月12日	科技部关于支持建设新一代人工智能示范应用场景的通知
教技〔2018〕3号	2018年4月2日	教育部关于印发《高等学校人工智能创新行动计划》的通知

续表

文件号	时间	文件名称
教研〔2020〕4 号	2020 年 1 月 21 日	教育部、国家发展改革委、财政部印发《关于“双一流”建设高校促进学科融合 加快人工智能领域研究生培养的若干意见》的通知
林信发〔2019〕105 号	2019 年 11 月 8 日	国家林业和草原局关于促进林业和草原人工智能发展的指导意见

二、建设国家新一代人工智能创新发展试验区的相关政策文件

建设国家新一代人工智能创新发展试验区的相关政策文件见表 2。

表 2　科技部关于支持建设国家新一代人工智能创新发展试验区的相关政策文件

文件号	时间	文件名称
国科函规〔2019〕27 号	2019 年 2 月 20 日	科技部关于支持北京建设国家新一代人工智能创新发展试验区的函
国科函规〔2019〕80 号	2019 年 5 月 22 日	科技部关于支持上海建设国家新一代人工智能创新发展试验区的函
国科函规〔2019〕182 号	2019 年 10 月 17 日	科技部关于支持天津建设国家新一代人工智能创新发展试验区的函
国科函规〔2019〕183 号	2019 年 10 月 17 日	科技部关于支持深圳建设国家新一代人工智能创新发展试验区的函
国科函规〔2019〕184 号	2019 年 10 月 17 日	科技部关于支持杭州建设国家新一代人工智能创新发展试验区的函
国科函规〔2019〕185 号	2019 年 10 月 17 日	科技部关于支持合肥建设国家新一代人工智能创新发展试验区的函
国科函规〔2019〕194 号	2019 年 11 月 2 日	科技部关于支持德清县建设国家新一代人工智能创新发展试验区的函

续表

文件号	时间	文件名称
国科函规〔2021〕63号	2021年3月19日	科技部关于支持苏州市建设国家新一代人工智能创新发展试验区的函
国科函规〔2021〕64号	2021年3月19日	科技部关于支持长沙市建设国家新一代人工智能创新发展试验区的函

（来源：《咨询报告》2023年第2期）

聚焦关键核心技术推进气象科技能力现代化的若干建议*

摘要：气象事业的科技属性决定了气象科技能力现代化是气象现代化建设和高质量发展的关键所在。《气象高质量发展纲要（2022—2035年）》下发后，中国气象事业发展咨询委员会委托中国气象局气象干部培训学院开展了"气象科技能力国际比较"研究。基于定性分析、国际发展态势对比，课题组重点围绕数值预报和地球系统模式等事关气象科技发展的关键领域加以深度挖掘，系统分析了我国气象科学基础研究方面的共性问题，也提出了提高科技能力现代化水平的三点建议：一是要客观认识我国气象科技发展的现状、优势和不足，找准着力点和应对方案；二是要加大气象学科与多学科特别是数学等基础学科的交叉融合；三是要处理好竞争与合作、吸收引进与自主研发的关系。

气象事业的科技属性决定了气象科技能力现代化是气象现代化建设和高质量发展的关键所在。无论是2006年出台的《国务院关于加快气象事业发展的若干意见》，还是2022年出台的《气象高质量发展纲要（2022—2035年）》（以下简称《纲要》），气象科技核心能力始终是气象现代化建设过程中持续关注的焦点。《纲要》提出"到2035年，气象关键技术领域实现重大突破""气象监测、预报和服务水平全球领先，国际竞争力和影响力显著提升"，要实现这一远景目标，必须持续跟踪世界气象科技前

* 执笔人：杨萍　薛建军　郑秋红　吴灿

沿，准确研判国际气象发展态势，充分了解和客观认知我国气象科技能力与水平在国际上所处的位置和影响力。

课题组采用定性分析与定量分析相结合的方式，利用资料调研、文献计量、数据统计、比较研究等多种手段，追踪气象科技国际发展态势，重点围绕与气象科技能力现代化紧密联系的数值预报、卫星气象等关键重点领域，调研欧、美、英等先进国家和地区的现状及经验，给出了量化的分析结果，并提出了进一步推进气象科技能力现代化的若干建议，本文将重点阐述数值预报和地球系统模式相关研究成果。

一、我国气象科学基础研究在多个领域取得显著进步，但也呈现出“数量领先、影响力不足”的共性问题

高水平研究论文是反映科研成果不容忽视的重要载体，课题组用文献计量分析方法，定量化对比和分析了数值天气预报、地球系统模式、极端天气事件、卫星资料应用等重要领域的国际科研态势，特别是重点分析了我国在其中的位置和水平，得出如下结论：

（一）我国气象科学基础研究成果快速增长，量化指标名列前茅，且多领域开花

检索数值天气预报、气候/地球系统模式、极端天气、卫星资料、空间天气等领域的 SCI 论文发表情况发现，与过去相比，中国上述领域在 2005 年之前 SCI 论文发表数量普遍偏少，2012 年之后呈现出快速增长态势，跻身世界 SCI 论文产出大国。具体来看，气象多个领域发表的 SCI 论文数量均在世界前 5，极端天气事件和卫星气象均位列全球第 2，空间天气和地球系统模式位列第 3，相比之下，数值天气预报排名稍后，位列第 5。值得注意的是，与位于世界前列的论文产出相比，中国 SCI 论文篇均被引次数的优势不太明显，极端天气事件位列全球第 7，卫星气象、空间天气位列第 8，数值天气预报位列第 10，而发文量位列全球第 3 的地球系统模式这一领域，其篇均被引排在全球第 13。

(二)与强劲增长的成果数量相比,研究成果的国际影响力整体偏弱

对数值天气预报高水平论文(SCI)全球排名前 10 的国家对比发现,英国量质齐高,发文量大且影响力强;日本、德国呈现“少但精”的特性,量少但影响力高;中国发文量排名居中,位列第 5,但影响力排在最后,即位列第 10,与其他排名前 10 的国家相比,差距明显。分析全球 42 组气候/地球系统模式的 SCI 论文情况发现,全球基于英国模式发表的 SCI 论文最多,涉及国家数达到 80 个,大多数国家的模式涉及国家数为 60 个以上,而基于中国模式的发表论文也排在最后,涉及国家数仅 34 个,且使用中国模式的基本上都是中国学者,第一作者中国学者占比 83.6%。分析中、美、日、欧盟业务气象卫星在全球的使用情况发现,尽管我国是卫星大国,但使用中国风云卫星发表论文的情况无论是参与国家还是论文数量均最低,且与美国相比差距很大。可以看到,中国模式和中国资料要实现被更广泛地认可和使用,还有很长的路要走。

(三)数值天气预报等重点领域与基础科学的交叉融合明显不足

从气象科学的发展史来看,气象科学具有显著的交叉融合特点,特别是与数学、物理学等基础科学密切关联,同时与机器学习、人工智能等新技术深入融合,这与长久以来气象始终服务国家经济和社会发展的方方面面不无关系。分析近 10 年气象学科交叉类研究发现,气象与环境科学领域交叉的研究论文最多,与数学、医学、人文社科等交叉融合明显不足。以数值预报为例,中国数值预报研究与工程学、环境学交叉融合较多,而与数学等基础学科的交叉融合则明显不足,与海洋学、天文物理学等领域的交叉融合也比较薄弱。相比之下,国际上数值预报在数学、海洋学、天文物理学等领域的交叉融合程度均高于我国。

二、数值预报自主创新能力持续提升,但与国际一流水平的差距不容轻视

研究发现,在数值预报以及地球系统模式研发方面,我国正逐步走上

自主创新的发展道路，但与发达国家的差距不小也是客观事实，不容大意和忽视，主要结论如下：

（一）与过去相比，我国数值天气预报模式增速显著

经过20多年的发展，我国数值预报模式在一些关键指标上取得明显进步。如数值模式水平分辨率从原来的40～80千米提升到10～30千米，垂直分辨率大多提升了一倍左右（50～140层），业务模式分辨率和预报水平显著提升，与国际一流水平的差距有所缩小，部分指标（如垂直分辨率）增速超过全球平均。同时，我国还进一步改进动力框架、物理过程、资料同化、并行计算及新产品研发等关键技术，成为全球为数不多的、可以基本实现数值预报业务闭环的国家。

（二）与发达国家相比，我国数值预报水平短期内尚不具备超越或领先的实力

国外主要预报中心数值预报业务系统相关指标的对比结果显示，欧洲中期天气预报中心（ECMWF）在全球模式、集合预报、数据同化和算力等各个方面优势明显，特别是将全球模式、集合预报和同化系统统一分辨率后，朝着“无缝隙”集合、同化、预测的方向更近一步。全球天气数值预报全球确定性预报15个业务系统对比显示，欧、美领先优势明显，中国水平分辨率25千米位列第13，垂直分辨率87层位列第9。全球天气数值预报全球集合预报16个业务系统对比显示，ECMWF处于绝对领先位置，NCEP、Met Office等处于前列，中国自主研发的国家级全球和区域预报系统（CMA-GEPS和CMA-REPS），水平分辨率50千米位列第13，垂直分辨率84层位列第6，30个成员位列第8。资料同化技术方面，三/四维变分、混合变分、集合资料同化等方法已广泛用于各国的业务资料同化系统，ECMWF依旧保持着领跑中心的地位。

（三）我国地球系统模式以引进或改进为主，自主研发能力不足

分析中国参与CMIP6计划的13个模式版本发现，除了中国科学院大气物理研究所自主研发的3个大气模式版本、2个海洋模式版本，清华大学自主研发的耦合器 C-coupler2 外，中国地球系统模式大多基于引进或改进，中国气象局 BCC-ESM1.0、BCC-CSM2-MR 的大气、海洋、陆面、海冰模式以及耦合器均为引进或改进。可以看到，中国地球系统模式的自主研发水平亟待提高，中国模式主要引进美国国家大气研究中心（NCAR）、地球物理流体动力学实验室（GFDL）、美国能源部洛斯阿拉莫斯国家实验室（LANL），个别模块引进自德国马普气象研究所（MPI-Met）和欧盟。

（四）我国地球系统模式个别指标在国际上具备竞争力，但整体水平偏弱

对比分析参与 CMIP6 各模式的重要指标，包括大气模式水平分辨率、垂直层数、顶高度，海洋模式水平分辨率、垂直层数，以及模式模拟效果等指标，得出如下结论：在 55 个模式中，中国大气模式水平分辨率整体较为靠前，多个模式达到国际先进水平，位列前一半的有 6 个模式，其中，中国科学院大气物理研究所的 FGOALS-f3-L 位列第 7，中国气象局 BCC-CSM2-MR 模式排名第 12，但在大气模式垂直分辨率、大气顶高度等指标上，中国模式表现整体水平偏低。在海洋模式水平分辨率和垂直高度上，英、美、法等国实力强劲，中国不同模式差异较大，FIO-ESM-2-0 和 TaiESM1.0 这两个模式均位列中上游，但整体表现能力不足。

三、地球系统模式走自主研发之路还需要集聚力量、多方努力、久久为功

课题组通过调研美国地球系统模式的典型代表、分析气候/地球系统模式的研究力量及国际地位、梳理中国学者赴欧洲数值预报中心的访学资料后认为，与西方发达国家相比，我国要发展自主可控的地球系统模式，还需要在开放合作上下功夫、在模式影响力上想办法、在体制机制上谋新招。

（一）成熟先进的地球系统模式从起步到成熟的过程十分漫长

以美国通用地球系统模式（CESM）为例，这一模式发展水平属于全球

领先，已经能够实现在大气—海洋—陆面—海冰模式耦合的基础上，进一步耦合气溶胶、碳循环、植被动态、大气化学等过程。追溯这一模式的研发历史，最初是由美国国家大气研究中心于 1983 年创建，且供全球气候学界免费使用，从气候模式向地球系统模式转型历经 20 年，与本国多个机构合作研发，并在高校和国家实验室中广泛使用，从而得以在使用中持续不断地改善。回顾美国多个地球系统模式的发展历史，除了 CESM 外，GFDL-ESM（地球物理流体动力学实验室研发）和 GISS-ModelE（美国宇航局—戈达德空间研究所研发），从创建到成熟均已有 20 年时间，通过自主研发，从单一模式逐步发展为多圈层耦合的地球系统模式。可以明确的是，由于地球系统模式极为复杂，自主研发过程必然漫长而持久。

（二）地球系统模式的复杂性决定了体制机制建设的极端重要性

由于地球系统模式的极端复杂性，开放、合作、共享、共赢是取得模式研发成功的关键。以 CESM 为例，这一模式拥有十分完备的组织管理架构，其咨询委员会和科学指导委员会的分工合作对保证模式的科学目标和整体进展发挥了重要作用，提供决策和技术把关各司其职。同时，CESM 建立了一个跨越政府机构、大学和其他研究组织的强有力的合作机制：CESM 的开发和应用是通过与大学、国家实验室和其他研究组织的科学家（包括国外科学家）建立强有力的伙伴关系来确定的。再如，美国另一地球系统模式（GFDL-ESM）的建立也体现了巨大的合作，涉及来自 GFDL、普林斯顿大学、内政部和其他机构的科学家，从自然和人为原因两方面研究气候和生态系统的相互作用及其潜在变化。此外，国家对基础研究的投入十分重要，美国科学基金（NSF）在地球科学领域曾资助“地球气候可预测性”这一重大项目，位列 NSF 近 10 年的经费投入第 3，相比之下，中国同类基金在模式方面的项目资助力度明显不足，与业务研发模式的互动也不足。

（三）中国地球系统模式及相关领域研究既有基础也面临挑战

长期以来，中国非常关注包括地球系统模式在内的模式发展问题。

自1981年中央气象局气象科学研究院选派科研人员赴ECMWF开展长达一年的学习交流之后，气象部门向ECMWF派出的访学学者人员数量和频次始终居于高位。梳理出访人员的学习总结发现，中国学者善于学习和总结国际先进做法，“科研必须紧密结合预报实际，重视微小改进”“每周开例会，复盘未抓住天气事件的模式”“文章有无不重要，能体现细节的技术报告才是重点”。出访人员当初的肺腑之言很多在当下业务发展中已经转化为实践。然而，从承担项目以及发表论文等定量分析的结果来看，数值模式的发展并不十分乐观。一方面，从承担国家自然科学基金的情况看，大气数值模式领域（基金代码D0511）占比自2006年之后持续维持低位；另一方面，撇开影响力不谈，仅从气候/地球系统模式近20年的SCI发文量看，中国只有中国气象局BCC-CSM模式系列（169篇）以及中国科学院大气物理研究所FGOALS模式系列（142篇）的SCI论文量超过了100篇，与英国气象局HadGEM模式高达800篇的论文量相距甚远。可以看到，中国要走好数值模式的自主创新之路还需要不断学习，保持开放态势，特别要鼓励科研人员深度参与、持续用力、久久为功。

四、几点建议

《纲要》提出，到2025年气象关键技术实现自主可控，到2035年气象关键技术领域实现重大突破，要加快关键核心技术攻关、加强气象科技创新平台建设。要实现上述短期及长期发展目标，气象科技创新的能力和水平面临着巨大挑战。在客观认识我国气象科技在重点领域所处的国际位置和主要短板的基础上，对进一步提升气象科技能力现代化提出如下建议：

（一）客观认识我国气象科技发展的现状、优势和不足，找准着力点和应对方案

对多领域的文献计量分析发现，与排名遥遥靠前的论文产出数量相比，中国气象科学在多个领域的学术论文影响力普遍偏低，与卫星、空间天气、极端天气事件等领域相比，中国在数值预报和地球系统模式方面的

基础研究更是薄弱环节。当下，应继承好选派专业人员访学等经验做法，着力加大对国际先进模式的学习力度，在模式研发这一问题上持续发力、持久攻坚，同时鼓励更多科研人员参与，有针对性地解决基础性科技难题。

（二）加大气象学科与多学科特别是数学等基础学科领域的交叉融合

我国在气象学领域研究较为广泛，气象关键核心技术如数值预报等离不开数学等基础学科的助力，目前文献计量的统计结果显示，大气学科与数学交叉融合的高影响论文在我国极为匮乏，这一现象需引起高度重视。一方面，气象部门可多培养跨学科、复合型人才，在人才招聘、引进过程中向基础学科人才有所倾斜；另一方面，在气象联合基金、创新发展专项等项目指南设定时，适当引入基础科学研究方向，鼓励气象业务人员在开展业务工作的同时，加强基础科学的研究，练好内功。

（三）处理好竞争与合作、吸收引进与自主研发的关系

从欧盟科技发展的道路来看，在竞争中合作、在合作中竞争是全球科技发展的基本态势，要实现这一良好态势，关键是科学运行的体制机制。欧洲科技一体化建设经验值得我国气象部门深入学习和借鉴，建议成立课题组对这一问题进行专项研究，强化先进制度的“吸收引进”，这对发挥好高校和科研院所力量、更好地推进地球系统模式研发将大有裨益。相比之下，对于像数值模式等气象“芯片”，则更要注重“自主研发”，而非目前国内大多数地球系统模式普遍为引进和改进的状态。国外先进模式研发的经验启示，持续钻研、走自主研发之路才是实现气象科技自立自强的有效路径。

（来源：《咨询报告》2023 年第 5 期）

数字孪生大气构建方式的战略选择*

摘要:《气象高质量发展纲要(2022—2035 年)》提出要构建数字孪生大气。落实该项任务,需要投资,要有工程支持。而工程的性质及组织方式与建设目标和实施基础密切相关。本报告从建设目标、申报立项、组织实施和运维保障等多个维度,比较分析了国际工程、国家工程、部门工程和地区工程 4 种构建方式,提出构建数字孪生大气的建议措施:以部门工程为抓手,推动新一轮气象信息化建设;以地区工程为辅助,调动地方主动性和能动性;以国家工程和国际工程为长远目标,积极谋划和准备。

构建数字孪生大气是国务院《气象高质量发展纲要(2022—2035 年)》(以下简称《纲要》)提出的重点任务。选择合适的构建方式,对该任务的执行至关重要。

一、数字孪生大气的 4 种构建方式

数字孪生大气是利用数字孪生技术,基于数据、构建模型、面向应用,以数字化方式对大气圈全要素、与大气活动相关的地球系统其他圈层关联要素、气象业务服务活动全过程,以及与天气气候相关的经济社会信息进行数字映射、仿真模拟、分析预测、验证评估的智慧气象新型基础设施,将更好地实现精密监测、精准预报、精细服务,保障气象高质量发展,服务生命安全、生产发展、生活富裕、生态良好。

---

* 执笔人:周勇　唐伟　王喆　赵芳　郝伊一　李欣

构建数字孪生大气，需要投资，要有工程支持。基于不同目的，可将其分为国际工程、国家工程、部门工程和地区工程 4 种构建方式。

（一）国际工程方式（或国际大科学计划）

“十四五”规划和 2035 年远景目标纲要提出聚焦气候变化、人类健康等问题要加强同各国科研人员联合研发，主动设计和牵头发起国际大科学计划和大科学工程。世界气象组织在其“地球系统数据国际交换统一政策”和“能力发展计划”等文件中，多次强调要在数据领域开展国际合作。构建数字孪生大气无疑能成为气候变化领域开展国际合作的重要措施。因此，出于加强国际合作、丰富全球数据、提升国际影响力的目的，将其作为国际工程（或国际大科学计划）来建，有据可循。

（二）国家工程方式（即由中国气象局牵头、多部委参加的国家重大战略工程）

一方面，构建数字孪生大气有助于提升气象保障生命安全、生产发展、生活富裕、生态良好的能力，支撑国家数字经济、数字社会、数字政府建设。另一方面，构建数字孪生大气所需要的数据资源不仅涵盖大气圈，还涉及地球系统其他圈层和经济社会多个领域，需要跨部门、跨层级、跨地区的数据汇聚融合。因此，构建数字孪生大气符合国家重大战略工程对工程必要性的要求。此外，由中国科学院牵头建设的国家战略性先导科技专项“地球大数据科学工程”于 2018 年立项，执行期 5 年，即将结束。值此时机，气象部门申报国家项目，既无重复建设之嫌，又能促进前期科研成果向业务应用转化，更易得到国家认可。综上，出于加强部门合作、健全国家公共数据资源体系的目的，将其作为国家工程来建，具备必要性和可行性。

（三）部门工程方式（即中国气象局统一建设的气象部门全国性工程）

全国气象信息系统需要持续升级，才能适应地球系统模式研发和人工智能应用等新需求。然而，“气象信息化系统工程”的实践表明，在国家高度重视和反复强调政府信息系统集约化发展的背景下，以“部门信息化"为名申报项目，申报难度很大。构建数字孪生大气将包括数据、算力和算法资源建设，与气象信息系统建设主要内容一致。因此，为了推进全国气象信息系统集约化发展，以"数字孪生大气工程"为名统领中国气象局新一轮气象信息化建设，有可能更易获得相关部门的认可，具有重要的现实意义。

(四)地区工程方式(即各地气象部门分头组织建设的工程项目或气象部门参建的地方政府工程)

在国家层面，数字孪生城市由各地政府分别组织建设；在部委层面，水利部部署各流域中心推进数字孪生流域建设；在气象部门，北京、上海等地气象局已进行了地区性数字孪生大气工程建设相关探讨和尝试。由此可见，地区工程是目前国内推进数字孪生工程建设的主流方式。因此，出于争取地方投资、加快建设进度、更好地服务地方经济社会发展等目的，采用地区工程方式，多点并行组织数据孪生大气建设，也具有可行性。

二、不同方式的比较分析

了解各种方式的特点和优劣，才能作出合理选择。该部分将从工程立项、实施和运维等各阶段难易度，以及集约化和安全性等多方面进行考量，对数字孪生大气的 4 种构建方式进行比较分析。

(一)申报立项从易到难，依次为地区工程、部门工程、国家工程和国际工程

通常来说，建设内容越多，则参建方越多、工程设计难度越大；项目级别越高，投资规模越大，审批周期越长。因此，地区工程最易申报立项，部门工程次之，而国家工程和国际工程因级别高、投资大、流程复杂，申报难度大、审批周期长。

(二)组织实施从易到难，依次为部门工程、地区工程、国家工程和国际工程

一方面，在负责人的选择上，部门工程和地区工程都有现成的合适人选，其中具有较高行政级别的负责人亦适合主持国家工程，但国际工程负责人应具有较高的国际影响力和较丰富的国际工程管理经验，目前中国气象局尚缺此类人才。另一方面，在工程项目管理上，部门工程是集中管理，成本、质量、进度最易控制；单个地区工程虽易于管理，但地区差异大，整体统筹难；国家工程涉及对同级其他部门的工程监管，难度更大；而国际工程还将受到国际关系变化的影响，最难管理。

（三）运维保障从易到难，依次为国家工程、部门工程、地区工程和国际工程

工程结束后，运行维护对其持续发挥效益至关重要，所以在启动工程建设前就应予以重视。无论采取哪种建设方式，中国气象局都将是数字孪生大气建设和运维的主体。在争取运维经费时，国家工程的受重视程度将会高于部门工程。在地方财政趋紧的形势下，地区工程后期的运维保障可能会发生困难。若是国际工程，其运行维护理应由各国分担，这种情况下可控性最低。

（四）其他方面的比较分析

对于国际工程而言，在获取更多外国数据的同时，也必然要向国际开放更多的中国数据，而且设备选型和软件开发也要更加国际化，因此，安全将成为突出问题。对于国家工程而言，同级部门间没有隶属关系，牵头部门缺乏有效的质量控制手段。对于区域工程而言，由于大气与城市、流域不同，没有清晰的边界，因此，区域数字孪生大气也需要全国乃至全球数据，各地分建工程，容易导致交叉重复。

三、建议措施

基于上述分析，建议采用以部门工程为主、地区工程为辅的方式构建数字孪生大气，并待今后时机成熟，酌情升格为国家工程或国际工程。

（一）以部门工程为抓手，推动新一轮气象信息化建设

建议以“数字孪生大气工程”为名称，以全国气象信息系统迭代升级为目标，以气象数据资源、气象算力资源、地球系统大数据平台、地球系统数值预报模式、人工智能气象应用等为内容，由中国气象局统一组织开展气象部门全国性工程设计和申报。

(二)以地区工程为辅助，调动地方主动性和能动性

参照数字孪生城市、数字孪生流域和欧洲数字孪生地球的建设方式，可以把数字孪生大气分为基础设施、数字孪生平台、业务应用和辅助支撑等若干部分。其中，数据中心和超算中心等基础设施、数字孪生平台等适合全国集中统一建设，而业务应用、辅助支撑①和基础设施中的感知网络等，可以采用分布式方式，由各地在统一的系统架构下分头建设。因此，建议鼓励业务基础较好的地方气象局因地制宜，结合自身发展需求开展工程设计，通过申报数字孪生大气相关工程争取地方加大投资。

(三)以国家工程和国际工程为长远目标，积极谋划和准备

建好数字孪生大气，必须有丰富的多领域、全球范围数据资源。仅靠中国气象局一己之力，建成容易，建好难，长期运作好更难。长远来看，将数字孪生大气升格为国家工程或国际工程，获取相关其他部门和国际气象界的认可与协作，才是最佳选择。虽然以当前条件不能一蹴而就，但只有早谋划、早准备，将来才会有机会。因此，建议首先要加强人才培养和引进，特别是既懂业务和技术，又有国际影响力和重大工程管理经验的复合型人才；其次，要不断深化与其他部门和其他国家的合作交流，积极主动参与外部工程项目，既积累管理经验，又广交朋友，为今后合作开展数字孪生大气工程建设铺路。

（来源：《咨询报告》2023 年第 6 期）

---

① 辅助支撑包括运维保障、安全防护、标准规范、科技支撑、科普宣传等。

基于遗传算法—神经网络模型的台风灾害气象预报服务经济效益测算*

摘要: 为科学定量评估台风灾害气象预报服务效益，中国气象局气象发展与规划院深入调研，联合北京有关高校研究团队，探索基于遗传算法优化反向传播神经网络建立模型，初步得出近10年台风灾害气象预报服务经济效益。2012—2021年，台风灾害服务总体经济效益为3721.1亿元，平均每年372.1亿元，其中气象预报服务效益占总体经济效益的32.4%，为1265.2亿元，平均每年126.6亿元。

中国是全球遭受台风灾害最严重的国家之一。如何科学有效评估台风灾害服务效益一直是国内外亟待突破的热点和难点。近几年，尽管国内一些学者相继开展了台风灾害风险评估、效益评估等研究，但大都集中在某个地区或某几个典型台风，系统、科学、长时间序列、可业务化应用的效益评估还较为缺乏。与此同时，台风灾害的致灾因素复杂，致灾因子、孕灾环境与灾情之间往往存在非线性关系。为了建立这种非线性关系，本研究基于遗传算法优化反向传播（GA-BP）神经网络模型，对台风灾害服务的总体经济效益①进行了测算。在此基础上，采用多元回归模型，进一步分离出气象预报服务的经济效益，以更好地提供政策支撑。

在研究过程中，课题组多次邀请清华大学、北京师范大学、国家气象

---

* 执笔人：申丹娜　江涤非　张小锋　徐金勤　孟明明　赵新宇

① 此处的台风灾害服务总体经济效益为气象预报服务经济效益与地方政府防灾减灾效益之和，其中海洋、水文等部委的服务效益包含在地方政府防灾减灾效益中。

中心、公共气象服务中心相关专家就研究思路、模型的科学性和准确性进行反复论证，最后专家达成一致意见，建议使用神经网络模型进行效益测算，并对研究方法和研究结论表示认可。

一、研究的主要思路

神经网络模型常用于处理需要同时考虑多种因素和条件下不精确和模糊的信息，能充分体现复杂的非线性关系，特别适用于评估台风灾害服务经济效益。课题组基于 2004—2021 年有完整数据记录、涵盖不同省份的 318 个台风受灾样本，选取反映台风登陆强度、气象预报服务能力、地方政府防灾减灾能力的相关指标作为模型训练集和验证集输入参数，以直接经济损失作为输出结果。建立阶段一（2004—2011 年）的模型，验证阶段二（2012—2021 年）各个台风在阶段一情景下造成的直接经济损失①，得出经济损失的预估值，然后减去经济损失实际值，从而得到台风灾害服务能力提升后带来的总体经济效益值。选取多元回归模型，将气象预报服务效益和地方政府防灾减灾效益进行分离和量化（图 1）。

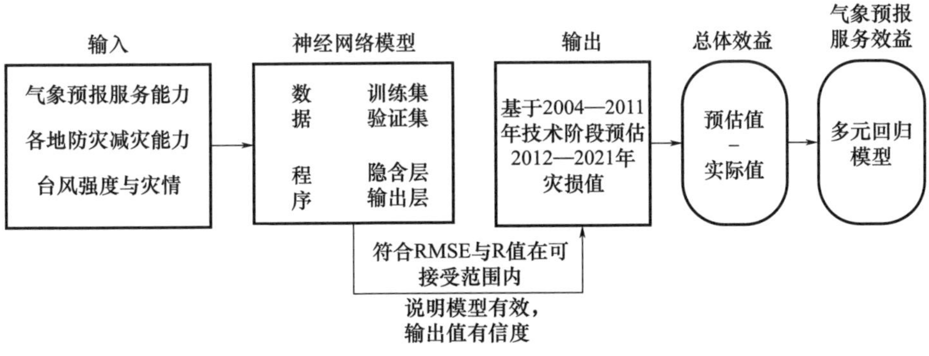

图 1 台风灾害气象预报服务总体效益研究思路

① 2012 年气象部门大规模使用集合预报后，台风预报的准确率大幅提高，因此本研究选取以 2012 年为界，划分了两个阶段，即阶段一（2004—2011 年）和阶段二（2012—2021 年）。

二、建立遗传算法优化反向传播神经网络模型

课题组基于台风样本建立了 BP 神经网络模型。该模型是包含 15 个输入层、6 个隐含层、1 个输出层的 3 层神经网络结构。其中，输入变量包括台风登陆强度（m/s）、过程日最大雨量（mm）、过程累计最大雨量（mm）、最大小时雨强、大于等于 50 mm 降雨的测站总数、大于等于 8 级大风的测站总数、过程极大风速（m/s）、最大风速等雨情、风情为主的气象数据，台风 24 小时路径预报误差、台风 24 小时强度预报误差等反映气象预报服务水平的数据，地区 GDP、单位面积排水管道密度、移动电话普及率、人口密度、环境投资（排水、园林绿化）等台风影响地区的防灾减灾能力数据；输出变量为因台风灾害导致的直接经济损失（表 1）。由于 BP 神经网络的初始权重和偏置都是随机的，模型不易稳定，容易陷入模型局部最优状态，影响预测性能。为了弥补 BP 神经网络模型的不足，对比多种神经网络模型，最终选取遗传算法模型对 BP 神经网络模型进行优化，从而提高模型的稳定性和准确度，最终建立了遗传算法优化反向传播神经网络模型（GA-BP）。

表 1　评估指标与表征意义

评价指标	具体要素	表征意义
雨情指标	过程日最大雨量（mm）	表征台风日降水极值
	过程累计最大雨量（mm）	表征过程累计降水极值
	最大小时雨强	表征台风降雨强度
	大于等于 50 mm 降雨的测站总数	表征台风降雨范围
风情指标	大于等于 8 级大风的测站总数	表征风情影响范围
	过程极大风速（m/s）	表征过程最大平均风
	最大风速	表征风情强度
台风登陆强度	台风登陆强度（m/s）	表征台风强度特性
台风预报服务能力	24 小时路径预报误差（km）	表征台风路径预报准确率
	24 小时强度预报误差（m/s）	表征台风强度预报准确率

续表

评价指标	具体要素	表征意义
地方政府防灾减灾能力	地区 GDP	表征地方经济发达水平
	排水管道密度（km/km^2）	表征暴雨内涝排水能力
	移动电话普及率（部/百人）	表征信息化传播能力
	人口密度	表征各地区防灾减灾的难易程度
	环境投资（排水、园林绿化）	表征各地区抗风险能力
台风灾害损失	直接经济损失（亿元）	表征台风灾害损失程度

三、模型训练与测试

在遗传算法对 BP 神经网络进行优化的过程中，要经过选择操作、交叉操作和变异操作，尽可能寻找模型最优的输入权重和偏置，使模型更加严谨、科学。在仿真过程中，随机选取技术阶段一（2004—2011 年）中的 100 个数据作为训练样本，剩余 47 个数据作为测试样本。利用已经调试好的网络结构和相关参数，将随机划分的训练样本集代入网络进行训练。经过程序代码运行后，可以分别得到 BP 神经网络和 GA-BP 神经网络训练集和测试集的均方根误差（RMSE）及相关系数（R），如表 2 所示。

表 2　BP 和 GA-BP 神经网络训练集和测试集的均方根误差（RMSE）及相关系数（R）

方法	RMSE		R	
	训练集	测试集	训练集	测试集
BP 神经网络	12.5775	51.8980	0.9905	0.8000
GA-BP 神经网络	0.0668	0.2756	0.9441	0.9414

表 2 给出了 GA-BP 神经网络和传统 BP 神经网络方法的 RMSE 和 R 值，其中，RMSE 值越接近 0，代表模型的预测精度越高；R 值越接近 1，代表模型拟合效果越好。GA-BP 神经网络测试集的 RMSE 和 R 值分别为 0.2756 和 0.9414，优于传统 BP 神经网络的 51.8980 和 0.8000，这表明通过 GA-BP 神经网络得到的系数能够较好地描述试验关系。根据 GA-BP 神经

网络模型模拟结果，训练数据集的拟合优度 R 值为 0.9441，测试数据集拟合优度 R 值为 0.9414，均在可接受范围内，模型拟合结果相对较好。

四、模型预测与效益计算

模拟技术阶段二(2012—2021 年)的 171 个台风样本在技术阶段一(2004—2011 年)情景下造成的直接经济损失，用模型预估值减去实际直接经济损失，得到气象预报服务能力和地方政府防灾减灾能力提升下的综合经济效益值。最终得出，2012—2021 年，由于气象预报服务能力和地方政府防灾减灾能力的提高，总体经济效益约为 3472.1 亿元，平均每年 347.2 亿元(图 2)。

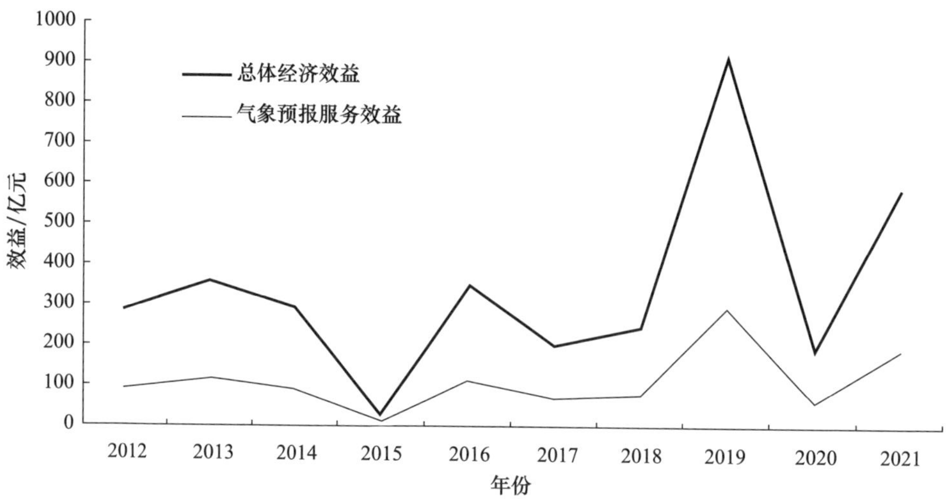

图 2 2012—2021 年台风灾害服务总体经济效益和气象预报服务经济效益折线图

从 2012—2021 年每年的总体经济效益图来看(图 2)，经济效益总体呈波动上升的趋势。其中，2015 年经济效益值最低，为 31.2 亿元，这与当年登陆我国台风数量偏少的现实相一致。2019 年经济效益值最高，其主要原因是该年度超强台风“利奇马”极端性特征明显，影响的地区范围广，在气象部门与地方政府的共同努力下，有力、有序、有效地应对了这一灾害[①]。因

① 根据统计资料，2019 年全国自然灾害因灾直接经济损失占 GDP 比重较近 5 年均值下降 24%。

此，总体上看测算结论稳定可靠。

五、台风灾害气象预报服务经济效益

前文所述为台风灾害服务的总体经济效益，即在气象预报服务能力和地方政府防灾减灾能力提高下的综合经济效益值。为进一步分离气象预报服务的经济效益，选取多元回归模型，以总体经济效益为因变量、气象预报服务能力和地方政府防灾减灾能力为自变量，通过计算，得出台风灾害预报服务的经济效益值。

多元回归模型构建如下：

$$Y_t = \beta_1 I_{FS_t} + \beta_2 I_{DPM_t} + \partial_0$$

式中，t 为时间，Y_t 为第 t 年台风灾害服务经济效益值；I_{FS}、I_{DPM} 分别为台风预报服务能力、地方政府防灾减灾能力；∂_0 为模型残差项；β 为回归系数，由于因变量和自变量因子均进行了标准化处理，因此该项系数表征的意义为：其他自变量保持不变的情况下，某一自变量因子增减 1%，因变量将会增减 β%。

基于上述模型，计算得到各个自变量因子的回归系数，再乘以各个自变量的变化率，即可得到两个自变量因子分别对因变量的相对贡献率，即得出效益值占比。

根据上述模型测算得出，气象预报服务效益约占总体经济效益的 32.4%，地方政府防灾减灾效益约占总体经济效益的 67.6%，也就是说，2012—2021 年气象预报服务效益值为 1124.9 亿元，平均每年 112.5 亿元（图 2）。

六、关于台风灾害服务效益评估工作的建议

本研究主要基于遗传算法优化反向传播神经网络模型对台风灾害服务的经济效益进行了评估，基本上能够客观估算出台风灾害服务总体经济效益和气象预报服务经济效益。但是由于获取的灾情数据仅限于每个省层面，没有精确到市、县，尚不能做精细化的分区域测算，也无法对单个

台风进行评估。在下一步研究中，课题组将继续优化改进模型，及时获取 2023 年灾情数据，对单次台风灾害预报服务效益进行测算，争取转化为常规业务。基于本研究，提出如下工作建议：

（一）高度重视台风灾害气象服务效益评估工作

科学评估台风灾害气象服务效益是展示气象事业高质量发展成效的重要方面。建议中国气象局高度重视灾害风险预估和效益评估工作，成立多学科交叉研究团队，进一步优化评估模型。建立常态化的评估机制和数据统计报送制度，明确评估主体，出台效益评估工作规程和工作方案，尽早实现业务化评估，定期向社会发布效益评估报告。

（二）高度重视台风灾害早期预警社会经济效益评估

更为准确、及时的早期预警是减少灾害暴露、提高台风受灾地区抵御风险能力的有效途径。当前，WMO 专门成立了社会经济效益小组，研究早期预警产生的效益，特别是将支持开发社会经济效益（SEB）工具箱和培训包，以提高 WMO 会员评估社会经济效益的能力。因此，建议中国气象局高度重视早期预警的社会经济效益评估，组建多学科融合的气象服务效益评估创新团队，着力开发工具与方法，注重评估结果的应用与反馈。

（三）高度重视台风灾害脆弱性评价工作

台风灾害造成的损失程度，不仅与台风致灾因子强度、入侵频率有关，还与承灾体的脆弱性有关，包括社会经济系统（人口密度与分布、财富聚集程度、农作物播种面积及分布）、地方政府防灾减灾能力（排水管道密度、医疗卫生水平、移动电话普及程度、交通通达性等）以及孕灾环境（地形地貌、河网密度等）。因此，建议中国气象局高度重视台风灾害脆弱性评价工作，加强对评价指标、方法的研究，构建定量化评价模型，探索建立台风灾害脆弱性区划业务。

（来源：《咨询报告》2023 年第 7 期）

第二部分

现代气象业务

“十四五”以来，气象部门围绕监测精密、预报精准、服务精细要求，面向地球系统拓展，构建现代气象业务体系。当前，面向气候系统的全时全域全要素气象监测能力不断提高，气象卫星体系、雷达监测网建设世界领先，多尺度天气气候一体化数值预报模式框架初步建立，全国智能网格预报“一张网”集约化业务流程逐步构建，延伸期-月-季气候预测客观化能力明显提升，全球地面、高空及海洋等多圈层基础数据集基本建成，国产数值天气预报与国际先进水平差距不断缩小。本部分将基于全球资料接收、检验评估体系、业务主要风险、观测网建设、新型业务技术体系改革等研究基础上形成的咨询报告进行了汇集。

多措并举消除风云卫星全球资料接收风险隐患*

摘要：风云卫星全球资料在极端天气和气候变化监测预警中发挥着重要作用，对国家安全和发展至关重要，备受中央领导和全国人民的关注。2020 年 2 月 12 日，负责风云极轨卫星北极接收站运行管理的瑞典企业致函中国气象局，提出受日益恶化的地缘政治、国际关系影响，决定暂停在中国市场的新业务开发和商业合作。此举给我国风云卫星全球资料接收业务带来潜在风险，敲响了警钟，必须高度重视并应对。

为消除风险隐患，国家卫星气象中心、中国气象事业发展咨询委员会和中国气象局气象发展与规划院联合对此问题进行分析研究，提出如下建议：一是向国务院提交报告，汇报情况并提出包括采取外交手段、提升保障级别、设立国家科技攻关专项等建议措施；二是制定应急预案，立足现有条件尽可能降低风险影响；三是加强跨部门合作，寻求其他替代方式。

2020 年 2 月，瑞典空间公司在政府授意下，暂停了在中国市场的新业务开发和商业合作。此举给我国风云卫星全球资料接收业务带来潜在风险，敲响了警钟。

一、风云卫星全球资料传输存在重大风险隐患

目前，我国已经建成由 5 个国内接收站（北京站、广州站、佳木斯站、

---

* 执笔人：周勇　张鹏

乌鲁木齐站、喀什站）和2个极地接收站（北极 Kiruna 站、南极 Troll 站）组成的风云卫星数据接收网络，除北京站外，其余各站分担全球资料接收任务（表1）。其中，南、北两极接收站分别由挪威和瑞典企业负责运行管理，自主可控性差，存在技术、政治、商务等多方面风险，不排除出现“黑天鹅”事件。

表1　各地面站接收任务

站名	全球资料接收占比			
	FY-3B	FY-3D	碳卫星	捕风卫星（BF-A/B）
北极 Kiruna 站	55.0％	29.5％	74.5％	不用
南极 Troll 站	不用	32.0％	不用	不用
佳木斯站	21.6％	14.5％	9.2％	不用
喀什站	备份接收	备份接收	备份接收	100％
乌鲁木齐站	14.2％	13.9％	16.3％	不用
广州站	9.2％	10.1％	不用	不用

2020年2月12日，负责运行北极接收站的瑞典空间公司（瑞典政府100％控股的国有企业）致函中国气象局，提出受日益恶化的地缘政治、国际关系影响，决定暂停在中国市场的新业务开发和商业合作。虽然此次瑞典提出的是“暂停新业务、不影响旧业务”，但有此先例，不排除在国际关系变化时，其再度生变的可能性。我国计划发射的后续风云卫星存在失去北极站接收能力的巨大风险。鉴于挪威与瑞典制度相近，南极接收站也将存在同样风险。

评估表明，若失去极地接收站，将有近60％的风云极轨卫星数据无法接收。届时，不仅全球天气气候事件的监测会受到影响，难以贯彻落实习近平总书记曾多次承诺的用风云卫星服务国际社会的指示精神，而且会导致台风预警及时率降低、路径和强度预报偏差加大，数值预报和日常天气预报质量下降，甚至对首长专机气象保障、军事演习演练等重大气象服务任务造成影响。

二、消除风险隐患的对策建议

为深入贯彻落实习近平总书记关于防范化解重大风险的重要论述精神，实现风云卫星全球资料传输的自主可控，针对上述风险隐患，深入剖析业务薄弱环节，提出如下建议：

一是向国务院提交报告，汇报情况并提出对策建议。上报措施包括：(1)采取外交手段，争取瑞典承诺风云卫星业务免受政治因素影响，为其运行和发展提供必要支持；(2)提升保障级别，当民用、商用通信资源无法保障其业务运行时，允许利用军用通信方式传输风云卫星数据；(3)组织科技攻关，设立国家级“政企研”联合科技攻关专项，彻底改变风云卫星全球数据传输受制于人的局面。

二是制定应急预案，立足现有条件尽可能降低风险影响。针对北极站异常、南极站异常、南北两极站同时发生异常等发生的可能性，划分不同风险等级，依据风云卫星技术特点和应用业务规程，通过调整星上存储和回放策略、优化调整业务流程等措施，尽可能降低对预报服务的影响。通过演练测试，不断完善应急预案和相关应急备份系统。

三是加强跨部门合作，寻求其他替代方式。加强与国内电信运营商、航天集团等单位的协作，尝试使用天通卫星等其他途径替代现有方式。同时，保持与其他外国企业的联系，寻找低风险合作企业和备用方案。

附录 1 风云极轨卫星全球资料接收时效和风险分析

附录 2 美国及欧洲气象卫星全球资料接收情况

附录 3 中美欧极轨气象卫星全球数据接收时效比较

附录1　风云极轨卫星全球资料接收时效和风险分析[①]

一、站网现状

（一）站网组成

经过风云一号、风云三号卫星工程的持续支持，中国气象局已经建成了由5个国内接收站（北京站、广州站、佳木斯站、乌鲁木齐站、喀什站）和2个极地接收站（北极 Kiruna 站、南极 Troll 站）组成的全球观测资料高时效接收业务布局。其中，北极 Kiruna 站与瑞典空间公司 SSC[②] 合作，由我方建成两部独立可控的接收天线，并委托 SSC 公司运行管理；南极 Troll 站与挪威 Kongsberg 卫星服务公司 KSAT[③] 合作，通过商业合同租用 KSAT 公司的天线和服务。

风云极轨卫星每日在轨观测的全球数据通过上述接收站和地面商用通信网络将数据接收和传输至位于北京的运行控制与资料处理中心。风云极轨卫星的全球站点位置及任务如表1所示。目前，国内五站加海外两站的业务接收布局，不仅可以确保风云三号极轨卫星全球数据接收的完整性，还可以保证90%的数据获取时效性在2小时以内，其中70%的数据获取时效性在1小时以内。

---

① 资料来源：国家卫星气象中心。

② 引自官方网站的资料信息：瑞典的 SSC（Swedish Space Corporation）公司是欧洲两大商业运行的卫星数据接收公司之一，是瑞典国有公司，其站区在瑞典北部基律纳，北纬68°，面积有20平方千米，通过商业联合，在南非、澳大利亚、智利、阿拉斯加还有合作地面站，从事全球卫星数据接收及在基律纳的接收设备托管业务。

③ 引自网站的资料信息：挪威的 KSAT（Kongsberg Satellite Services）公司是欧洲两大商业运行的卫星数据接收公司之一，其站网由北纬78°的 SVALBARD 的接收区和位于南纬72°的 TOLL 接收区组成，即南、北极各一个，运行控制中心位于北纬69°的欧洲大陆，在运控中心有几个接收天线。KSAT 是挪威国有公司，其地面站网在为自己国家服务的同时，大量从事商业运行，为国际上其他国家提供设备托管及数据接收服务。

表1 各站地理位置及任务

站名	经度	纬度	任务
北京	116.275°E	40.05°N	任务规划； 数据汇集； 数据处理； 存储分发
广州	113.34°E	23.164°N	低倾角降水卫星接收； 全球延时数据接收； 区域实时数据接收
乌鲁木齐	87.57°E	43.86°N	全球延时数据接收； 区域实时数据接收
佳木斯	130.36°E	46.9°N	全球延时数据接收； 区域实时数据接收
喀什	75.94°E	39.52°N	全球延时数据接收； 区域实时数据接收
北极站(Kiruna)	21.00°E	68.00°N	全球延时数据接收； 区域实时数据接收
南极站(Troll)	2.5°	72°S	全球延时数据接收； 区域实时数据接收

(二)各站接收全球数据比例

太阳同步极地轨道卫星(简称“极轨卫星”),每100分钟左右内(1个轨道周期)会经过一次南极和北极极区上空,因此,极区站对极轨卫星全球资料接收的完整性和时效性具有非常重要的作用。目前,由中国气象局负责在轨运行的极轨卫星有3颗,分别是2010年11月5日发射的FY-3B卫星、2016年12月22日发射的碳卫星和2017年11月15日发射的FY-3D卫星,同时与航天五院合作接收2019年6月发射的BF-A/B两星数据。根据卫星过境地面站的时间,综合考虑全球资料接收完整性和时效性的要求,北京运行控制中心给各地面站下达接收任务。当前各地面站的实际接收任务如表 2 所示。

表 2　各地面站接收任务

站名	全球资料接收占比			
	FY-3B	FY-3D	碳卫星	捕风卫星(BF-A/B)
北极 Kiruna 站	55.0%	29.5%	74.5%	不用
南极 Troll 站	不用	32.0%	不用	不用
佳木斯站	21.6%	14.5%	9.2%	不用
喀什站	备份接收	备份接收	备份接收	100%
乌鲁木齐站	14.2%	13.9%	16.3%	不用
广州站	9.2%	10.1%	不用	不用

注：由于北极站、南极站均为商业合作，商业成本与接收数据量相关，因此，目前的接收策略是在用足国内站接收能力的前提下规划和安排海外站的接收任务。广州站、佳木斯站、乌鲁木齐站（喀什站备份）加上北极站，组成接收 FY-3B 数据站网；广州站、佳木斯站、乌鲁木齐站（喀什站备份）加上北极站、南极站组成接收 FY-3D 数据站网；佳木斯站、乌鲁木齐站加上北极站组成接收碳卫星数据站网；喀什站与航天五院西安恒星站合作组成接收 BF-A/B 数据站网。

（三）全球数据的时效性

在目前的布局和任务划分下，全球数据获取的时效性在 1 小时内的占比为 74.0%，2 小时内的占比为 25.2%，其余为 3 小时内。

二、缺站影响分析

该部分将以风云三号 D 星为例，分析北极站、南极站分别缺失及两站都缺失的情况下，对全球数据完整性和时效性的影响。

（一）北极站缺失

在北极站缺失的情况下，地面站网由国内 4 个站（广州站、佳木斯站、乌鲁木齐站和喀什站）及南极站组成。

1. 全球数据的完整性

如果北极站缺失，在目前的工作模式下，不能保证 FY-3D 全球数据的完整性，但通过对卫星工作方式的改变，可以保证数据的完整性。

即：对卫星进行数据传输方式重置，延时数据传输信道(DPT)不记录站内数据，实时数据传输信道(MPT)与 DPT 数据需要拼接才能获取全球数据。通过指令屏蔽北极站，利用国内的广州站、佳木斯站、乌鲁木齐站、喀什站及南极站进行数据的接收，同时将卫星全球数据 DPT 的广播角度进行调整，国内站从仰角 7°降到 6°，南极站维持 8.1°不变，单站最小接收弧长由 300 秒调整到 150 秒。这样可以保证数据的完整性。

2. 全球数据的时效性

如果北极站缺失，将导致全球数据的时效性受到影响。延时 1 小时以内的数据由 74%下降到 34.4%；延时大于 2 小时的数据由 0.8%左右上升到 30%左右；同时会导致地面处理流程因为要进行全球数据拼接而变得复杂。

(二)南极站缺失

在南极站缺失的情况下，地面站网由国内 4 个站(广州站、佳木斯站、乌鲁木齐站和喀什站)及北极站组成。

1. 全球数据的完整性

重置卫星 DPT 数据广播角度，保证国内 4 个站及北极站地面数据接收天线仰角为 6°时开始接收 DPT 数据，卫星固存平均回放余量为 1.03%左右，可确保固存记录、回放数据的完整性。

2. 全球数据的时效性

会导致延时在 1 小时以内的数据由 74%下降到 25.3%左右；延时大于 2 小时的数据由 0.8%左右上升到 40%左右；同时会导致地面处理流程因为要进行全球数据拼接而变得复杂。

(三)南、北极站都缺失对数据时效性与完整性的影响

在南、北极站都缺失的情况下，地面站网仅由国内 4 个站(广州站、佳木斯站、乌鲁木齐站和喀什站)组成。

1. 全球数据的完整性

如果南、北极站都缺失，全球数据将不完整。以风云三号 D 星为例，

完成全部数据的星地下传需要 234 分钟左右，而国内站实际可提供的数据传输弧长时间仅 138 分钟左右（5.5° 计算），一半以上的数据将不能下传。

2. 全球数据的时效性

由于数据不完整，全球数据的时效性便没有意义。

三、结论

由于极轨卫星的轨道特点，极区站对极轨卫星全球资料接收的完整性和时效性具有非常重要的作用。

经过风云极轨卫星工程持续建设，中国气象局已经建成了国内五站和海外极区两站的极轨卫星全球资料高时效接收布局，但是海外两站以商业合作的形式通过国外公司提供技术支持和服务，全球资料接收的自主可控存在风险。

在目前地面站配置、星地传输速率、星上存储容量等技术参数下进行仿真，如两个极区站缺少其中一个时，通过调整星上存储和回放策略，全球资料的接收完整性可不受影响，但是数据接收时效性将下降一半左右；而在只有国内站没有两个极区站的情况下，卫星数据的完整性及时效性都无法保证。

通过国产中继卫星接收和回传极轨卫星全球特别是境外观测资料是对两个极区站的强力补充和备份，建议中国气象局加强对国内军民中继卫星资源的协调。

附录 2　美国及欧洲气象卫星全球资料接收情况[①]

一、美国卫星地面接收站网布局

美国卫星地面接收站网包含全球延时资料获取站网、区域实时资料获取站网两套设计，目前主要承担在轨的美国 NOAA 系列和新一代极轨卫星 JPSS 的接收任务，此外还承担欧洲 METOP 卫星及日本 GCOM 卫星的国际合作接收任务。

(一)全球延时资料获取

主要依赖北纬 78°的 Svalbard 北极站和南纬 72°的 McMuedo 南极站两个地面站获取全球资料。同时，美国还设计了利用中继卫星获取全球观测资料作为业务备份并实时传回美国本土的途径。此外，分布在全球的 12 个站也可以将实时广播数据传回美国本土拼接得到全球资料。可见，美国至少有 3 种获取全球资料的业务技术途径。

(二)区域实时资料获取

在全球有 12 个地面站，其中南半球有 3 个，其他位于北半球。这些站包括属于美国的国家空间基础设施(由美国国家航空航天局 NASA 管理)以及与国际组织、大学等合作的地面站，也包括了北极 Svalbard 站和南极 McMuedo 站。分布在世界各地的地面站可以接收实时数据，并立即传往位于美国本土的数据处理中心，支持美国本土通过实时数据的接收拼接获取全球资料。

二、欧洲卫星地面接收站网布局

欧洲卫星地面接收站网也包含全球延时资料获取站网、区域实时资料获取站网两套设计。目前主要承担在轨的 METOP 卫星的接收任务，

---

① 资料来源：国家卫星气象中心。

区域实时资料获取站网还承担了美国 NOAA 系列卫星、Sumi-NPP 卫星和我国 FY-3C 卫星的接收任务。

（一）全球延时资料获取

同美国一样，主要依赖北纬 78° Svalbard 北极站和南纬 72° McMuedo 南极站两个地面站获取全球资料。全球延时资料每 50 分钟按照每条轨道一半在 Svalbard、一半在 McMuedo 下行接收。由于 McMuedo 站是由美国国家航空航天局管理，不属商业运行，主要通过欧洲—美国双边的国际合作支持。如果有任何不可控因素造成 McMurdo 无法接收数据，所有的数据只能通过 Svalbard 一个站接收，接收时效下降。

北纬 78° 的 Svalbard 地面站隶属于挪威 KSAT 公司，可以接收 METOP 每天全部 14 轨数据。除此之外，在瑞典基律纳有一个隶属于瑞典 SSC 公司的商业站，该站可以接收 METOP 每天 14 轨中的 10 轨数据，该站承担了欧洲全球数据的备份接收功能。

（二）区域实时资料获取

欧洲气象卫星组织（EUMETSAT）还通过商业化合同运维了欧洲境内的 5 个地面站，分别为格陵兰岛的康克鲁斯瓦格站（Kangerlussuaq）、法国的拉尼永站（Lannion）、西班牙的马斯帕洛马斯站（Maspalomas）、希腊的雅典站（Athens）和挪威的斯瓦尔巴特群岛站（Svalbard），用以获取 METOP-A 和 METOP-B 的实时数据，同时兼容接收美国 NOAA、Sumi-NPP 及中国的 FY-3B/C 等卫星广播的实时数据。

附录3 中美欧极轨气象卫星全球数据接收时效比较[①]

极轨气象卫星全球数据接收时效方面很难找到正式的参考文献，本研究比较分析的数据来自德国气象局（DWD）网站的业务实时统计数据。DWD是欧洲气象卫星组织（EUMETSAT）卫星资料同化应用的合作伙伴，即EUMETSAT NWP SAF。EUMETSAT NWP SAF在同化卫星资料之前，监视和分析了待同化卫星资料的时效，包括美国的NOAA18和NOAA19卫星，欧洲的METOP-B和METOP-C卫星，以及中国的FY-3C卫星。极轨气象卫星全球数据接收时效比较见表1。

表1 极轨气象卫星全球数据接收时效比较

	北极站/纬度	南极站/纬度	全球数据接收时效
美国 NOAA	挪威 Svalbard 站/78°N	美国 McMuedo 站/72°S	2 小时以内
欧洲 EUMETSAT	挪威 Svalbard 站/78°N	美国 McMuedo 站/72°S	2 小时以内
中国 CMA	瑞典 Kiruna 站/68°N	挪威 Troll 站/72°S	90%资料 2 小时以内

注：1. 仅有一个极区站时，全球数据接收和处理时效下降一半至4小时以内。

2. 如果没有极区站，仅靠境内站时，全球资料时效下降至24小时且全球资料完整性无法保证。

3. 发展基于中继卫星的资料接收和传输能力是保障极轨气象卫星全球资料时效的重要手段。

这些卫星的全球数据接收时效在2小时之内，表明卫星资料同化时效可用；时效在2～3小时，表明卫星资料同化时效基本可用；时效超过3小时，表明卫星资料同化时效超时不可用。根据数据统计分析，欧洲和美国气象卫星全球资料的接收处理时效基本都可以在2小时之内完成，其中美国NOAA卫星的时效要低于欧洲卫星的时效，因为美国卫星资料在完成接收处理后还要传送给美国，增加了资料的时间；此外，NOAA-18有

① 资料来源：国家卫星气象中心。

部分全球资料处理时间超过 3 小时，可能是因为美国从节省成本的角度考虑，仅用了一个极区站接收 NOAA-18 卫星的资料。

根据国家卫星气象中心业务系统接收和处理 FY-3C 和 FY-3D 全球资料的时效（图 1）可以看出，自 2018 年南极站业务接收 FY-3D 全球资料开始，时效性明显优于不用南极站的 FY-3C，90％以上的全球资料接收和处理时效优于 2 小时，同欧洲、美国气象卫星全球资料接收和处理能力相当，可以完全满足全球数值天气预报卫星资料同化的需要。

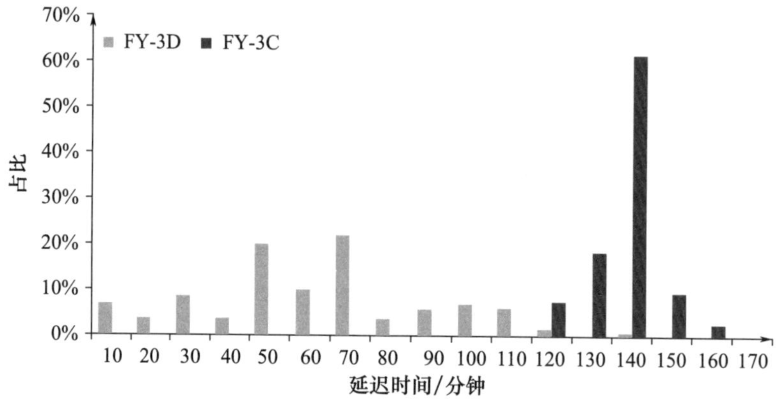

图 1　国家卫星气象中心业务系统处理风云极轨卫星全球资料的时效

（来源：《咨询报告》2020 年第 1 期）

健全检验评估体系 促进气象事业高质量发展*

摘要:"十四五"规划前期重大问题研究第二专题组就健全检验评估体系、促进气象事业高质量发展问题进行了研究,提出:检验评估涉及业务质量、服务效益、现代化发展、科技研发、规划设计、工程建设等气象工作的方方面面,在改进业务质量、完善工作流程、提高工作效能、明确目标方向中发挥着诊断和导向作用,是保障规范管理和科学决策的基础性工作。目前,中国气象局检验评估业务的受重视程度与其重要性不相匹配,存在评估业务零散不成体系、评估技术发展滞后、评估反馈机制不健全、第三方评估机制欠缺等主要问题,既落后于世界先进水平,也不符合我国气象事业高质量发展的要求。

为此,提出以下改进措施:一要提高重视程度,将检验评估作为一项重要的基础性业务加以推进;二要采取统分结合的方式,构建涵盖发展进程评估、运行现状评估和未来发展预评估的完整业务体系;三要推进检验评估关键技术研究,提高检验评估业务的科技含量;四要加强相关管理制度建设,切实发挥出检验评估业务对气象事业高质量发展的促进作用;五要以"十四五"规划为契机,找准强化检验评估业务的时机和切入点。

观测站网如何布局和建设?观测和预报实时质量怎么样?观测资料对提高预报质量的贡献如何?国家战略对气象预报服务需求有何影响?

* 执笔人:周勇 申丹娜 朱玉洁 陈鹏飞 李博

发达国家掌握的“卡脖子”核心技术以及重大突发事件对我国观测预报的影响有多大？科研成果能否投入业务应用？——当我们从模仿学习转向自主创新发展，就会发现越来越多的问题与检验评估工作密切相关。检验评估可以衔接科研与业务，可以贯通观测、预报和服务，可以促进高质量发展，需要加倍重视，当作一项重要的基础性业务来抓。

一、检验评估在气象事业发展中发挥着重要作用

检验评估包括对业务质量、服务效益、现代化发展、科技研发、规划设计、工程建设等方面的评估，贯穿于气象工作的方方面面，在气象事业发展中具有 4 个方面的作用。一是诊断作用。通过数据质量、预报质量等评估，可以及时发现实际工作与目标的差距，明确努力方向，为改进工作提供支持。二是导向作用。气象现代化评估评什么、怎么评，有力地引导着全国各级气象部门做什么、怎么做，评估的内容和标准起着“指挥棒”的作用。三是规范管理。检验评估是业务管理的重要手段，中国气象局通过检验评估，监管各地各级气象部门落实国家大政方针、政策和法规。四是辅助决策。规划和工程评估是保障方案实施、促进绩效问责的重要机制，既有助于及时发现偏差并进行修正和调整，又能为编制新规划和新方案提供依据。

因此，在改进业务质量、完善工作流程、检验工作效能、制定发展规划等工作中，检验评估都必不可少。在思想方法上，任何工作只有可检验才能考虑列入计划、任务，然后去落实和推动，否则就无意义；在工作目标上，任何工作都应以需求、目标为导向，而不是强调工作本身或付出的多少，需求是否满足、目标是否实现都需要进行检验评估才能明确，所做的工作及付出的多少也可作为检验评估的指标，但要与结果相结合才有意义，即通常所说的成本收益问题；在工作流程上，在以上两点的基础上，对今后的工作安排应考虑评估这一重要环节，形成完整的工作流程，否则就不闭环。

有鉴于此，美欧日等发达国家和地区都已建立起较为完善的检验评估业务体系。美国国家海洋和大气管理局（NOAA）以提高成本效益为导

向开展科技绩效评估，基于《政府绩效与结果法案》开展业务质量评估，以气象信息有效利用为目的开展服务能力评估，有力地推进了美国气象现代化的建设进程。欧洲中期天气预报中心（ECMWF）既对自身业务质量和目标任务完成情况进行检验评估，也对各成员国和合作国的预报产品质量及其应用情况进行逐年评估。日本气象厅建立了包括“政策实施前评估”“工作完成度评估”和“政策实施后评估”的完整体系，检验评估工作贯穿政策制定、实施到结果反馈的全过程。

二、当前“零敲碎打”式的检验评估不符合高质量发展要求

此次新冠肺炎疫情爆发后，欧美发布的观测数据变化及其对预报影响评估报告，反映出其检验评估业务对突发事件的敏感性和贯通观测、资料和预报业务的整体性。与之相比，中国气象局检验评估业务差距明显。

一是评估业务零散不成体系。观测、预报、服务、数据等质量评估业务分散于多家单位，缺乏统筹协调，即便达到局部优化，也不易实现整体最优。二是评估技术发展滞后。观测对预报质量影响、预报水平与服务效益关系等评估分析，对于优化布局和流程、改进规划和工程设计具有重要的指导作用，但一直缺乏深入研究，进展迟缓。三是评估反馈机制不健全。部分评估结果没有及时反馈给相关管理者和执行者，未与业务改进和绩效考评等工作挂钩，尚未形成推动各项业务“评估—反馈—改进”可持续发展的闭环。四是第三方评估机制欠缺。李克强总理提出，要用第三方评估促进政府管理方式改革创新。但目前，在气象领域尚未建立起具有公信力与约束力的第三方评估机制，第三方评估没有得到充分有效的利用。

整体而言，中国气象局检验评估业务的受重视程度与其重要性不相匹配，各单位、各业务检验评估零散不成体系，既落后于世界先进水平，也不符合我国气象事业高质量发展的要求。

三、建议措施

（一）提高重视程度，将检验评估作为一项重要的基础性业务加以推进

要提高对检验评估的认识，高度重视检验评估业务的发展，将检验评估业务作为现代气象业务体系的重要组成部分，作为串联观测、预报、服务、信息网络等业务，推动形成“评估—反馈—改进”闭环的一项基础性业务加以推进。要加强对检验评估业务的顶层设计，制定指导意见，发展技术方法，明确业务岗位，建立评估机构，科学合理布局，规范业务规程，健全工作机制。

（二）采取统分结合的方式，构建涵盖发展进程评估、运行现状评估和未来发展预评估的完整业务体系

发展进程评估包括气象现代化评估、发展规划评估和《国务院关于加快气象事业发展的若干意见》执行情况评估等重大综合性评估，以及重大业务和科研工程项目效益评估，宜作为一项常态化业务，指定总体牵头单位负责组织实施。运行现状评估包括观测、预报、服务、数据、信息网络、运维保障等业务运行质量的实时跟踪检验，宜采用分类分级的方式开展，国家和地方各有侧重，目前可采取由国家级和省级相关业务单位牵头负责各自领域的评估，待时机成熟后可成立专门机构负责，实现第三方评估。未来发展预评估包括对计划发展的业务、科研项目进行预评估，分析判断其可行性及投入产出效益等，宜指定总体牵头单位负责组织实施，使其更加规范化、制度化。此外，涉及社会效益、政府职能、行业管理等方面的检验评估工作，要充分利用第三方评估机制，提高评估工作的独立性、专业性和公信力。

（三）安排科研开发项目，推进检验评估关键技术研究，提高检验评估业务的科技含量

推进检验评估业务向着“定量为主、定性为辅”的方向发展，将涉及大气科学、信息科学、社会科学等多学科多领域的知识。其中，观测布局对预报的影响评估、人工影响天气作业效果评估等涉及大气科学理论和技术问题，

气象服务效益评估和满意度调查涉及社会科学问题，建设自动化、智能化的检验评估业务平台和科研成果评测平台（或“中试平台”）涉及大数据、人工智能等信息新技术应用问题，宜安排相应研发项目，组织跨部门联合科技攻关。此外，“贫”数据情况（如疫情、战争、地缘政治关系等引起的国内外数据异常缺失）及其他突发事件的影响评估，关乎国家安全大局，应考虑优先安排研究课题。

（四）加强相关管理制度建设，切实发挥出检验评估业务对气象事业高质量发展的促进作用

职能司要加强对各级业务单位检验评估工作的组织管理，通过编发业务规范规定，从制度上保障检验评估业务的地位和业务流程的规范，树立检验评估的权威性。要进一步完善评估结果反馈和业务改进机制：一方面，要畅通反馈渠道，使检验评估结果能够及时送达相关业务单位和管理部门，做到应知尽知；另一方面，要与绩效考核挂钩，使相关领导和职工重视评估结果并自觉改进，做到应改尽改。

（五）以“十四五”规划为契机，找准强化检验评估业务的时机和切入点

目前正处于气象“十四五”规划起草阶段，要抓住时机，研究设计检验评估体系，把检验评估业务的目标任务纳入到总体规划和各专项规划中，发挥规划引领作用，有计划、有步骤地建立健全各级各类检验评估业务。

（来源：《咨询报告》2020 年第 2 期）

气象业务主要风险评估及对策建议*

摘要:防范化解气象业务重大风险,是气象工作的一项根本性任务和永恒主题,是主动应对外部环境深刻变化、推动气象事业高质量发展、实现气象核心业务自主可控的必然要求。为确保气象业务服务安全高效稳健运行,中国气象局预报与网络司、综合观测司、现代化办公室、气象发展与规划院等单位就当前国际形势下气象业务面临的主要风险进行了分析评估、仔细研判,系统梳理出卫星、数值预报、全球气象数据和产品收集、综合观测、人工影响天气等气象业务主要面临的5个方面的15个风险点,提出建立健全常态化气象业务风险防控机制、最大决心推进气象关键核心技术自立自强、把化解气象业务主要风险点作为“十四五”气象发展规划的优先项等对策建议,并就提高当前气象业务主要风险应对能力提出5项具体举措。

党的十九届五中全会强调,安全是发展的前提、发展是安全的保障,要坚持统筹发展和安全,把安全发展贯穿国家发展各领域和全过程,防范和化解影响我国现代化进程的各种风险。防范化解气象业务重大风险,是气象工作的一项根本性任务和永恒主题。推进气象事业高质量发展,提升气象服务保障能力,必须着眼国家安全大局、经济社会发展全局和气象事业高质量发展要求,把主动防范化解气象业务风险放在重要位置,早识别、早预警、早发现、早处置,准确研判形势、科学精准施策,确保气象业务服务安全高效稳健运行,为经济社会持续健康发展提供强有力保障。

---

* 执笔人:李俊 李栋 赵均壮 贾志宏

一、提高防范化解气象业务风险能力意义重大

（一）提高防范化解气象业务风险能力是主动应对外部环境深刻变化的必然要求

当前，随着逆全球化、保护主义、单边主义等思潮逐渐抬头且愈演愈烈，国际经济、科技、文化、安全等格局都在发生深刻调整，气象事业发展面临的外部环境也将发生深刻复杂的变化。2020年2月12日，负责风云极轨卫星北极接收站运行管理的瑞典企业致函中国气象局，提出受日益恶化的地缘政治、国际关系影响，决定暂停在中国市场的新业务开发和商业合作。此举给气象事业发展敲响了安全警钟。这必然要求我们深刻认识新矛盾新挑战，准确识变、科学应变、主动求变，认真梳理气象业务存在的主要风险隐患，排查安全漏洞，提升气象业务链稳定水平、维护业务链安全，努力实现气象事业更高质量、更有效率、更可持续、更为安全的发展。

（二）提高防范化解气象业务风险能力是推动气象事业高质量发展、建设现代化气象强国的必然要求

实现气象强国目标与防范化解气象业务重大风险相辅相成。复杂敏感的外部环境、艰巨繁重的气象改革发展任务，都使得气象业务风险隐患增多、风险挑战加大、重大风险潜藏，既有小概率难预测的“黑天鹅”事件，也有大概率可预测的“灰犀牛”事件。2018年，我国部分全球气候预测业务因他国政府短暂“关门”而无法开展，影响了大国气象的国际形象。因此，必须将防控气象业务重大风险作为实现气象强国的保障性目标、战略性任务同时谋划。实现气象强国目标不忘防控气象业务重大风险，以防控气象业务重大风险保障现代化气象强国目标，两者相得益彰。

（三）提高防范化解气象业务风险能力是实现气象核心业务自主可控的必然要求

气象关键核心技术受制于人是气象事业高质量发展最大的软肋。不实现自主可控，气象业务发展的根基便不牢。棱镜计划、中兴事件、华为

事件教训深刻，自主可控国产化替代时不我待，虽道路漫长却是现代化气象强国建设的必经之路。正如习近平总书记所强调的，要加快推进国产自主可控替代计划，构建安全可控的信息技术体系。越是开放合作，越要重视安全，越要统筹发展和安全两件大事，全面防范气象业务面临的“黑天鹅”“灰犀牛”挑战。只有依靠科技创新，着力增强气象业务自身竞争能力、风险防控能力，才能为实现气象业务自主可控奠定强有力的支撑。

二、气象业务面临的主要风险评估

经过系统梳理，仔细研判，在当前国际形势下，气象业务主要面临5个方面的15个风险点。

（一）卫星气象业务的风险

迄今为止，我国已成功发射两代四型17颗风云系列气象卫星，建成了由国内1个数据处理中心、4个国内接收站，以及南、北极接收站组成的“1＋4＋2”地面接收站网，初步形成了风云卫星服务“一带一路”格局。但部分业务对国外产品、技术和国际合作有不同程度的依赖，主要表现在3个方面。（1）风云卫星研制方面，部分关键部件需从国外进口，以满足卫星及载荷技术指标的高要求。（2）风云卫星数据接收方面，南、北极站主要用于接收风云三号极轨气象卫星全球观测数据，其中，北极站采用与瑞典空间公司合作方式建设，南极站通过商业合同租用挪威卫星服务公司天线和服务。（3）风云卫星数据产品质量方面，风云气象卫星的定位和定标需要使用国外卫星数据。

因此，上述国外产品、技术和国际合作的中断，将对风云卫星研制、数据接收和产品造成不同程度的影响，其风险影响主要表现在3个方面。（1）对风云卫星数据接收造成严重影响。当失去1个极地站，风云卫星数据接收时效将下降约50％，完整性暂不受影响；当失去2个极地站，将有近60％的风云极轨卫星数据无法接收。此外，对即将发射的风云三号E星、F星和H星全球观测数据的接收也会造成严重影响。（2）对卫星研制造成一定程度的影响。当风云卫星所需的关键部件无法正常购置时，可使用国内替代技术保证卫星建设，但精度、寿命和稳定性等均会降低。(3)对风云卫星数据质量造成较小影响。当国外卫星数据发生中断时，我国将无法生成高频次全球卫星拼图，并一定程度上会影响我国风云卫星定标和定位质量。

(二)数值预报业务的风险

经过多年发展，我国已经建成包括天气、气候和环境等较为完整的数值预报业务体系，为气象预报预测业务提供了关键性技术支撑，对精准预报起到决定性的作用。但是，数值预报模式实时运行对全球资料完整性、稳定性的客观需求，不可避免地高度依赖国外数据和产品，具体体现在3个方面。(1)全球数值天气预报模式(GRAPES_GFS)业务方面，NOAA和METOP卫星数据占GRAPES_GFS卫星同化数据的90%。(2)区域和专业数值预报模式业务方面，NCEP或ECMWF全球模式客观分析与预报数据，为国家级和北京、上海、广州区域数值预报模式、台风预报模式和集合预报系统提供背景场、初始场以及侧边界条件。(3)气候和环境模式业务方面，NCEP的R1大气再分析、GODAS海洋再分析、SST海表温度和海冰密集度等产品以及CFS气候模式预测数据为我国短期气候预测模式、集合气候预测模式、环境专业模式等提供初值场；ECMWF实时大气分析场和气候预测数据、UKMO气候预测数据、法国海表高度和海洋温盐廓线数据、JRA55再分析资料等作为多模式解释应用集成预测系统(MODES)和中国多模式集合预测系统(CMME)的初值和集合成员。

因此，上述国外数据、产品的缺失，将对相应数值预报业务造成不同程度的影响，其风险影响主要表现在3个方面。(1)对GRAPES_GFS业务造成中等程度影响。当部分国外卫星数据中断，对北半球和东亚地区的有效预报时效基本无影响，对赤道地区、南半球的有效预报时效将从7.5天分别降低至7.2天和7天。此外，尽管大部分甚至全部卫星数据中断风险较低，但根据压力测试，当国外主要卫星数据均中断，对北半球和东亚地区造成的影响不大，对赤道地区、南半球的有效预报时效将从7.5天分别降低至6天和5.5天，造成严重影响。(2)对气候预测模式系统造成中等程度影响，对多模式气候预测系统性能造成严重影响。当 NCEP 的大气再分析、海表温度、海冰密集度、气候模式预测等数据中断，气候预测模式系统初值可更换为替代资料实时运行，预报效果会受一定影响，而 CMME 性能将大幅下降，MODES 将失去实时运行的意义。（3）对区域和专业数值预报技巧稳定造成一定影响。当 NCEP 全球模式客观分析与预报数据中断，可用我国 GRAPES 全球模式数据替代，尽管会造成区域数值预报技巧略有降低，但不影响业务正常运行。

（三）全球气象数据和产品收集业务的风险

目前，中国气象局已经形成了国际通信系统（GTS）收集、协议交换、购买、互联网下载等多种方式组成的全球气象数据和产品收集渠道，全面支撑了我国全球和区域数值天气预报、气候预测、气象服务等业务和研究工作，对提高气象服务保障能力起到基础性作用。但是，各种收集渠道稳定性受国际形势的影响程度不同，具体体现在 4 个方面。（1）GTS 收集方面，主要收集 WMO 各成员国全球共享的基本地面、高空、海洋等数据，以及 TIGGE、S2S 等科学计划形成的数据和产品，基本不受国际形势影响。（2）购买方面，主要获取 ECMWF 的高分辨率全球模式分析与预报数据，受国际形势影响小。（3）协议交换方面，主要收集 NOAA、METOP、JASON、GOES 等国外卫星数据，在一定程度上受国际形势的影响。（4）互联网下载方面，主要从多国气象部门、高校和研究机构的互联网站下载其全球模式分析与预报、大气再分析、海洋再分析、海表温度和海冰密集度、气候模式预测等数据和产品，易受到国际形势影响。

上述收集渠道的不稳定，将对中国气象局的全球气象数据和产品收集业务造成不同程度的影响，其风险影响主要表现在 3 个方面。（1）对互联网下载数据业务造成严重影响。此渠道主动权在互联网站所属机构，极易受机构所在国家状况或者双边关系情况影响而导致无法下载数据，稳定性很差。例如，因某国政府于 2018 年底至 2019 年初短暂“关门”，NCEP 网站暂停更新，大气再分析数据和 GODAS 数据获取随即中断。（2）对协议交换数据业务造成中等程度影响。中国气象局目前主要依托与美国和欧洲的数据交换协议开展全球卫星数据收集业务，而协议能否签署与双边关系状况高相关。其中，依托《中美大气科技合作议定书》获取美国卫星数据；依托EUMETSAT的卫星数据交换合作协议获取欧洲卫星数据，该合作协议受当前国际形势影响不大，继续获取风险较低。(3)对数据购买和GTS收集业务基本无影响。

(四)综合气象观测业务的风险

国产设备比例已占我国综合气象观测系统列装观测设备的90%以上，且50%以上的核心传感器、芯片由国内厂家研制并生产，是我国安全开展精密监测的基础。但是，部分核心芯片、关键技术、重要设备等仍然依赖进口，主要影响部分已在业务中使用的装备，具体体现在：业务运行的天气雷达中有57%需使用进口速调管；气压、湿度传感器等核心部件均为国外进口，15%的采集器采用了国外芯片；水汽观测站、雷电站主要使用GPS的定位和授时技术。

因此，上述进口设备、芯片或者技术的中断，将对相应观测业务造成不同程度的影响，其风险影响主要表现在3个方面。(1)对雷电、水汽等观测业务造成严重影响。当GPS信号精度降低或中断，会直接导致这些观测系统无法正常工作。(2)对地面、探空和土壤水分观测业务造成中等程度影响。地面观测中的气压、湿度等传感器以及探空和土壤水分观测设备的关键芯片主要来自国外，当进口产品中断，可以使用国内类似产品，但精度、稳定性等指标会明显降低。(3)对天气雷达、风廓线雷达观测业务影响不大。当进口的天气雷达、风廓线雷达核心芯片和部分元器件、设备中断，中国气象局目前备件储量可保业务稳定运行1年，速调管等也可使用国产替代技术和产品，仅稳定性和寿命等指标会稍有降低。

(五)人工影响天气业务的风险

目前，东北区域2架“新舟60”飞机和1架“空中国王350”飞机已投入业务运行，西北区域2架“新舟60”飞机和2架“空中国王350”飞机已完成裸机交付，中部区域人工影响天气工程高性能飞机建设于2021年启动。

但是，各区域的飞机及其配套维护航材均受到国际形势影响，具体体现在两个方面。（1）国外进口飞机方面，“空中国王350”飞机及其配套维护航材均采购自国外，受当地出口管理条例约束，易受到国际形势影响。（2）国产飞机方面，“新舟60”飞机虽由隶属于中国航空工业集团的西飞民机公司制造并负责改装，但包括粒子测量仪器、遥感监测设备、飞行参数及气象要素综合监测仪器等主要探测设备在内的80%～90%的机载成品主要来自国外，易受到国际形势影响。

上述人工影响天气设备获取渠道的不稳定会直接影响人工影响天气业务，其风险影响主要表现在3个方面。（1）对高精度机载设备进口造成严重影响。作为光学类精密传感器，进口的机载粒子测量设备与机载遥感监测设备均易被纳入出口管制范畴。此外，这些进口机载探测设备国内维修所需备件采购或送国外原厂返修也易受新规限制。（2）对飞机进口造成严重影响。鉴于目前局部国际贸易存在高不确定性，有关国家可能采取更为严苛的商品出口管制，“空中国王350”飞机及其配套主要航材采购可能受到影响。（3）对国产飞机有间接影响。“新舟60”飞机目前的进口并未受到直接限制或影响，已有备件航材储备充足，能够满足人工影响天气高性能飞机建设和运行保障需求。但如果有关国家出口政策进一步收紧，后续其他区域人工影响天气工程“新舟60”飞机建设可能会受到制约。

三、对策建议

（一）尽快建立健全常态化气象业务风险防控机制

防范化解重大风险是气象部门各级党委（党组）和领导干部的政治职责，是新时代气象事业高质量发展的重要保障。各级气象部门应不断强化风险意识，切实提升防范化解气象业务主要风险的能力，建立健全本单位（本地区）的气象业务风险防控机制，实现风险研判、决策评估、防控协同、责任追究和应急处置等的常态化、规范化、标准化，共同筑牢防范化解气象业务风险的“防火墙”。中国气象局办公室应将风险防控机制建立实施情况纳入年度工作考核评价，确保气象业务风险防控工作落在实处、发挥实效。

(二)最大决心推进气象关键核心技术自立自强

气象卫星、数值预报、气象数据、气象装备等领域的关键核心技术是气象重器,是我国气象事业高质量、可持续发展的重要保障。科技与气候变化司应牵头认真研究分析我国气象业务领域科技水平、创新能力与短板弱项,充分发挥气象体制优势和科学家的创新主体作用,建立关键核心技术攻坚机制,统筹力量实施气象关键核心技术自立自强计划,综合运用重大科技项目立项、关键软硬件基础设施建设、高技术领域专业人才培养、科研成果评价运用等措施,在主要业务领域构建自主可控、技术先进、蕴含活力的关键核心技术创新与发展体制,为新时代气象事业高质量发展提供有力的科技保障。

(三)坚定不移把化解风险点作为“十四五”规划建设的优先项

对于“属于战略性、久久为功的技术”,要放在更加重要的位置提前谋划部署,形成战略性安排,坚定不移地加大研究投入。计划财务司在牵头做好气象发展“十四五”规划编制工作和重大工程项目谋划中,应坚持统筹发展与安全,注重防范化解气象业务发展面临的主要风险挑战,实现发展质量、结构、规模、速度、效益、安全相统一。应急减灾与公共服务司、预报与网络司、综合观测司、科技与气候变化司应紧密结合现代化气象强国建设目标做好专项发展规划编制工作,统筹协同发挥规划引领作用,把气象卫星、数值预报、气象数据、气象装备等领域的主要风险点作为规划的着力点和建设实施的优先项,明确任务组织承担单位及时间表、路线图,集中力量分级分类分阶段地开展科技攻关,增强气象业务创新力和竞争力。

(四)提高当前业务主要风险应对能力的若干具体建议

1. 把风云卫星建设、运行和应用放在战略位置

综合观测司负责继续组织和推进风云卫星后续型号工程立项与建设,完善风云卫星轨道布局;积极推动在印度洋自建或者与国内外其他组织机构合建卫星接收站,探索使用天通卫星、低轨卫星星座、中继卫星等通信基础设施,不断提升风云卫星运行安全水平;组织利用风云静止卫星

转发风云极轨卫星全球观测数据等，尽快提升风云卫星数据接收安全水平；逐步推进在风云卫星上搭载 GNSS-RO、极化 GNSS-RO 掩星探测仪和 GNSS-R 反射探测仪，增强探测能力。

2. 着力构建自主可控的中国数值预报业务体系

预报与网络司负责组织有序推进区域和专业数值预报模式业务国产化，逐步加强国产全球模式分析与预报数据使用，建立以 GRAPES 全球模式为基础的区域和专业数值预报业务体系；组织推进 GRAPES_GFS 模式技术研发和性能改进，加强风云三号、风云四号卫星数据的应用，组织建立风云卫星同化应用联合攻关团队，不断提高风云卫星数据同化应用占比和 GRAPES 全球模式的分析与预报能力。

3. 高度重视提升气象数据应用水平和安全防护能力

预报与网络司负责组织有关业务单位加快全球大气再分析和海洋再分析产品、长序列卫星反演海温和积雪海冰产品、全球和中国区域实况产品等高风险气象数据产品的合作研发，不断提高产品质量；组织有计划地下载全球气象数据和产品，以及以往相对忽视的卫星反演地球系统其他圈层数据和产品，尽快完成全球历史数据储备；加快提升互联网数据和产品的自动发现、安全访问和快速下载能力，探索我国互联网企业海外服务器的数据收集备份通道。各级气象部门要切实落实《气象数据管理办法（试行）》，严禁无序对外提供气象数据，保障气象数据安全。

4. 积极拓宽主动获取全球气象数据和产品的渠道

综合观测司负责组织推进与航天、交通、海洋、环境等各行业，以及科研院所、高等院校、企业等机构的基础设施共建共享共用；“十四五”期间优先实施海洋、极地、涉外企业经营区域等气象观测数据稀缺区域搭载计划，在国内商船、远洋商船、海上石油平台上搭载安装船载自动气象站等仪器设备。国际合作司协助根据气象事业发展规划及实际业务需求，在多双边合作、科技交流、对外援助等国际合作工作中，有计划、有重点地开拓全球气象数据和产品获取渠道。

5. 努力实现气象装备国产化和关键领域自主替代

综合观测司负责组织和有序推进中国北斗在雷电、水汽、探空等业务领域的应用，重点突破地面观测核心传感器、气象系统级芯片、视频识别天气、协同观测、新型气象卫星载荷等核心技术；引导企业发展相控阵雷达、量子激光雷达、云雷达、北斗探空等新型气象装备，重点加强观测装备的进口器件和国产器件在观测精度、稳定性、可靠性等方面的比对评估，加快国产器件业务准入许可，逐步实现核心器件国产化覆盖。应急减灾与公共服务司负责探索与行业内外企业建立同型号飞机航材备件库共建、共用、共享机制，加快人工影响天气作业飞机及主要探测设备国产化进程。

（来源：《咨询报告》2020 年第 4 期）

关于推进"全球海洋气象观测网"建设的建议*

摘要：海洋是地球系统需要重点关注的领域，具有很强的活跃度和影响力。当前，我国尚未形成自己相对独立的全球海洋气象多要素综合观测系统，无论从涵盖地球系统观测的科学、业务需求角度，还是满足全球海洋天气、气候监测预警的国家安全角度，都有显著差距，是需要加强弥补的短板。中国气象事业发展咨询委员会有关专家系统梳理了全球海洋观测的现状，分析了我国全球海洋观测的问题、需求和发展条件，指出加强全球海洋观测建设，弥补海上观测不足，形成海基、陆基、天基、空基多种观测资料的有效融合，将为我国防御自然灾害、气候系统研究、应对气候变化、海洋天气监测预警提供有力支撑，并为我国海洋经济发展、海洋科学考察、海洋国防建设提供有力的气象保障，从而助力我国从海洋气象相对薄弱的国家迈向国际领先的海洋气象强国。

一、背景

党的十八大报告首次正式提出了海洋强国战略，十九大报告又提出要坚持陆海统筹、加快建设海洋强国。这一重大战略的提出，体现了中国建设海洋强国的重要性和政治决心，既符合新时代中国特色社会主义现代化建设的要求，又顺应了当今世界经济、科技、生态、资源、军事等多方面的发展趋势，具有迫切的现实需求和深远的历史意义。

---

* 执笔人：许小峰

无论对于人类社会还是自然环境，海洋都发挥着极为重要的影响。地球表面约70%的面积被海洋覆盖，全球天气和气候的重要驱动因子来自海洋，气候变化既对海洋产生显著影响，也对海洋的调节作用有着强烈依赖。有40%的人类生活在海洋沿岸100千米以内，90%的世界贸易由海运承载。近年来，与海洋相关的各类问题越来越引起世界各国的关注。为了促进和协调对全球海洋的科研、观测、预测、合理开发和安全保障，联合国教科文组织于2017年12月6日宣布了“海洋科学促进可持续发展十年(2021—2030)”计划，旨在扭转海洋健康衰退趋势，并联合全球海洋各利益相关方形成共同框架，确保海洋科学能够为各国创造更好的条件，实现海洋可持续发展。

要理解天气和气候，必须加强对海洋的认识。在2019年世界气象组织(WMO)第18次气象大会上审议批准了执行理事会提交的“向更综合的‘地球系统’方法进行战略转变”的计划。所谓“地球系统”，是涵盖了大气、水、陆地、冰冻和生物圈层的整体，这极大拓展了WMO工作涵盖领域，并将推进地球科学研究与业务的广泛合作，其中，海洋是地球系统需要重点关注的领域，具有很强的活跃度和影响力。2021年，WMO将当年世界气象日的主题确定为“海洋、我们的气候和天气”，旨在加强公众对海洋问题的关注。WMO秘书长塔拉斯在世界气象日的致辞中强调：“海上观测数据匮乏，阻碍了我们在更长时间尺度上准确预测天气，特别是开展次季节到季节预测。海洋数据存在重大缺口，WMO将致力于推动多项工作参与到实现安全海洋、预测海洋、透明海洋的目标中来。”

时任中国气象局局长庄国泰在2021年世界气象日发表文章表示：“海洋也是全球气候和天气主要驱动力的策源地，处于可持续发展、气候变化和减少灾害风险等全球发展目标的核心地位。海洋孕育了厄尔尼诺事件、拉尼娜事件、热带气旋等不同种类的天气气候现象，催生了地球上破坏力极强、影响广泛的极端天气气候事件。正是海洋内部的洋流运动以及海陆之间的环流存在，塑造了地球上丰富多彩的自然景观和复杂多样的天气气候现象。海洋还是全球气候的‘调节器’，它通过自身能量的存储和释放，与大气进行水汽和热能交换，使地球系统能量保持动态平衡。其中，海洋吸收了大气中大量的二氧化碳，是气候系统最大的碳汇。”庄国泰从多个角度阐述了海洋问题的重要性，并进一步强调：“我们将着眼‘全球监测、全球预报、全球服务’，大力发展海洋气象事业。进一步加强海洋观测预报预警平台建设，弥补海上观测的不足，形成海基、陆基、天基、空基多种观测资料的有效融合。”

从需求、认识、重视等角度看，各方面对海洋气象观测的重要性已有了深刻理解，形成了加快推进海洋气象观测业务发展的高度共识。

二、现状与差距

2016年，国家发展改革委、国家海洋局和中国气象局联合印发了《海洋气象发展规划（2016—2025年）》（以下简称《规划》）。《规划》提出以沿岸海域为主的海洋气象观测系统基本建立，但也明确指出近海和远海气象资料获取能力有限，气象卫星缺乏对海洋气象的针对性观测，不能适应远海和远洋保障服务需要，海洋表面的气象观测站点严重不足，锚系浮标观测站点稀疏，影响我国天气气候的远海重要敏感区海洋气象观测几乎空白，现有信息获取主要依赖国外等诸多问题。在海洋气象综合观测系统实际的业务规划建设布局方面，《规划》提出要根据预报和服务需求、海域的地理经济和天气气候特点等规划业务布局，重点开展岸基和海基气象观测站点、空基观测系统、天基观测应用系统以及相应的配套设施建设；海基气象观测站点主要依托海岛、海上平台、船舶和浮标建设自动气象观测系统。在浮标建设方面，《规划》提出布设锚系浮标观测阵列，沿岸海区站间距50千米、近海站间距150千米。根据这些内容，海基观测的重点依然没有跨越近海区域、走向全球，与全球观测的发展需求尚有较大差距。

尽管从全球观测的角度，气象与海洋卫星可以发挥重要作用，但依然无法替代海基观测。一方面是由于海面以下的诸多要素很难通过卫星完全实现；另一方面，即便是海面以上的气象要素，也依然需要布网观测，与天基和空基配合实现立体空间的全要素获取。根据2018年WMO基本系统委员会(CBS)专家组牵头组织多领域高层次专家对气象数据需求开展的滚动评估结果,从全球预报对观测资料需求的角度看,目前亟须解决的薄弱环节是地球表层气压和高空风场,其中地表气压包括陆地和海洋。地表气压信息的不足来自两个因素:一是在海洋和人烟稀少的区域,地表观测的覆盖面仍然显著不足;二是获取较精准的地面气压值还主要靠仪器实测,尚难像温度和湿度那样可以通过卫星遥感信息反演的方法获得。通过WMO专家对不同观测方法影响数值预报的对比分析,也可以看出海洋浮标观测信息的重要作用。

从国际上看,近年来,在天基卫星探测快速发展的同时,也加快布局海洋实测体系,影响和规模最大的是由联合国教科文组织(UNESCO)政府间海洋学委员会(IOC)于1991年3月创建的全球海洋观测系统(GOOS),WMO、联合国环境规划署(UNEP)和当时的国际科学理事会(ICSU)作为共同发起方参与了这一计划。GOOS目前涵盖了多个独立的海洋观测网,包括浮标数据专委会(DBCP)、自愿船舶观测网(SOT)、全球海平面观测系统(GLOSS)、海洋廓线浮动观测计划(ARGO)、全球远洋船舶航道测量计划(GO-SHIP)、固定海洋网站(OceanSITES)、大洋滑翔机测量网(Ocean Gliders)、全球高频雷达网(The Global High Frequency Radar Network)、海洋动物传感器网(AniBOS)等。

此外,不少国家都建立了自己的海洋观测系统,有些参与GOOS共享,有些则为本国独用,如美国从2004年出台了《21世纪的海洋蓝图》,提出要实施综合海洋观测系统,2007年又出台了《美国海洋行动计划》,提出要对美国海洋观测点进行整合,并启动综合海洋观测系统(IOOS)的发展,目前已发展了包括世界主要大洋海域的11个区域观测子系统;美国国家海洋和大气管理局(NOAA)的大西洋海洋和气象实验室(AOML)从2005年开始组织世界各国自愿参加的全球海洋漂流观测平台(GDP)项目,目前已有约1500个漂流浮标在各大洋实时开展漂流观测。

从目前中国的情况看,尽管也积极参与了国际海洋观测网的发展,如在海洋廓线浮动观测计划（ARGO）3000 多个探测器中有中国提供的 100 多个，美国的全球漂流海洋观测平台（GDP）项目中中国参与了 6 个，GOOS 系统浮标数据专委会（DBCP）2000 多个站中也有少量中国的站点贡献，但相对而言，一方面在国际海洋观测计划中贡献度不算高，与中国的大国地位不相匹配；另一方面尚未形成自己相对独立的全球海洋气象多要素综合观测系统，无论从涵盖地球系统观测的科学、业务需求角度，还是从满足全球海洋天气、气候监测预警的国家安全角度，都有显著差距，是需要加强弥补的短板。

从实际应用角度看，我国目前可以通过 WMO 全球信息系统中获取到各国的海洋观测资料，每天约 5500 个站点，包括锚定浮标和漂流浮标及 ARGO 廓线浮标，其中也包括我国的近海锚定浮标 70 个（没有对外共享），ARGO 浮标 170 个。从长远发展角度看，这显然不符合我国"海洋强国""全球观测"的发展战略，与我国应承担的大国责任也有很大差距，一旦有特殊情况发生，还会对国家安全产生不利影响。

在 2021 年 10 月召开的 WMO 特别届会上，通过了《建立全球基本观测网（GBON）有关技术规则修正案》（以下简称《修正案》）决议。《修正案》特别提到要与政府间海洋委员会（IOC）和全球海洋观测系统（GOOS）的开展机构合作，探讨在实施和发展 GBON 的过程中，推进海洋观测方面国际合作的可能性，并特别指出要与 WMO-IOC 联合协作理事会合作，探索加强全球海表地球系统观测数据交换的可行举措，将 GBON 标准扩展到这一领域。《修正案》第 3.2.2.10 条又特别提出会员应在其专属经济区内或其管辖区内相应的海域维持一套海面气象观测台站/平台的持续运行，这些台站/平台至少要观测气压和海表温度，使 GBON 变量的水平分辨率小于 500 千米，频率为每小时一次。从这些举措中可以看出，WMO 在未来的探测领域发展规划中对海洋观测的重视。实际上，缺少海洋观测的 GBON 显然是不完整的，这也是 WMO 进一步完善、发展 GBON 需要特别关注的问题。

三、条件与机遇

建立先进的全球海洋气象观测网对于地球系统科学而言是一项基础性工作，获得完整、准确、丰富的海洋气象观测资料，将为我国防御自然灾害、气候系统研究、应对气候变化、海洋天气监测预警、气候分析预测、天气气候模式研发提供必要的支撑，并为我国海洋经济发展、海洋科学考察、海洋国防建设提供有力的气象保障，从而助力我国从海洋气象相对薄弱的国家迈向国际领先的海洋气象强国。

从发展现状看，我国的海洋气象观测全球布局起步较晚，与国际先进水平有相当差距，但随着我国经济发展与科技实力的提升，可以在较高起点上建设有特色的新型全球海洋气象观测网，快速缩短目前的差距，根据目前各方面的基本条件，已具备了这种可能。

在全球布设海面气象探测设备可考虑两种技术方案。一种是与美国组织的全球漂流海洋观测平台类似，采取布设自动漂流器探测网的方式。这类探测设备近年来我国已经有了技术储备，例如 2015 年科技部支持、中国气象局承担的海洋漂流自动探测器重大仪器研制专项，于 2017 年研制出样机，在天津、福建、广东、海南开展了试验和应用，已通过验收，并参加了中国气象局海燕试验计划和中国科学院海洋科学实验。复旦大学也牵头研发了海气界面探测浮标(图 1)，该浮标可随海流漂浮或固定在某处，同时采集海面以上气压、温度、风速风向、湿度、辐射等大气参数，以及海面以下数十米至数百米的海洋温度、深度、盐度、海流和海浪等海洋参数，该项目得到科技部和自然科学基金委的重点项目支持，已在太平洋、南海、印度洋投放了 20 余套，运行稳定，获取了大量海洋资料。另一种是性能更高的"智能可控漂流自动气象站"方案。该项技术由中国科学院重点项目(2014 年)和自然科学基金委重大仪器研制专项(2016 年)支持，2017 年研制出样机，并于同年开始在天津、河北、福建、广东、海南、青海(青海湖)、云南(洱海)开展试验和应用，参加了中国气象局海燕试验、国家卫星气象中心气象卫星定标测试和中国科学院遥感所卫星遥感定标试验。

图 1　国产漂流浮标

智能可控漂流自动气象站包括太阳能智能浮标和油电动力智能浮标，具有超长航时自动航行和自动探测能力，通过北斗或其他卫星数据链路自动将探测数据传送到全球海洋定点气象观测网数据中心(图 2)。这类浮标可以按照预先任务设置，自动从释放点航行到设定观测点，并且长期保持在设定位置进行探测；在收到返回命令后，可自动返回释放点，一般一至两年返回一次，进行维护维修、观测传感器标校或替换。该浮标上标准探测要素包括温度、湿度、气压、风向、风速、海温、盐度或对应深度，也可配备其他探测设备，如自动探空系统，通过释放探空仪，获取海面上探空廓线。

图 2　国产智能可控漂流自动气象站

也可以采取两种技术结合的方案，根据经济支持条件、技术成熟度和实际需求确定两类设备的布局比例和范围。

以上这些技术储备初步具备了支撑我国远洋气象探测业务布网能

力，若能通过发展政策和市场引导，并通过积极推进业务实践和检验，将会进一步完善、成熟，实现我国全球观测中海洋气象领域的突破，提升我国在海洋气象领域的影响力，并在 WMO 将 GBON 向海洋领域拓展的进程中提高中国的话语权和影响力。

从经济实力角度，我国目前的能力也完全具备了支撑能力，初步估算，通过约 20 亿元人民币投资，可以基本实现在太平洋和印度洋布设 1000 个左右移动漂流自动气象观测站的目标，从实际需求和我国目前经济支持能力角度分析，应该是可以承受的投入。

四、发展建议

(一)积极推动国家全球海洋气象自动监测网立项建设

建议尽快启动全球海洋气象自动监测网项目设计，争取在国家相关部门立项支持，建立我国全球海洋气象观测网，达到可以实时获取全球主要海洋区域的气象要素和海面及以下温度、盐度等信息的目标，为实施国家海洋强国战略、提升我国地球系统监测预报能力提供全球海洋气象综合信息，为实现成为海洋气象强国迈出坚实的步伐。

远洋考虑可按每 300 千米一个站，布设 1000 个左右，可以基本覆盖太平洋和印度洋。中国海域按每 100 千米一个站，布设 100 个左右。在具体推进时可以考虑分步走的策略。

(二)积极参与国际合作

在初步具备获取全球海洋气象信息的基础上，建议积极参加国际海洋观测合作，在为国际社会做出积极贡献的同时，也能获取更多的探测资料，实现满足对海洋资料的实际需求和提高我国国际影响力的双重效果，提高我国在国际气象站网设计中的话语权，并在国际交流中提升我国在海洋气象业务与科技方面的能力和水平。

(三)加强对海洋气象信息的分析与应用

观测的最终目的是应用，在 WMO 讨论 GBON 文件过程中，表现最积极的是欧洲中期数值天气预报中心（ECMWF），原因是许多国家并不具备对全球海洋、陆面的高时空分辨资料的处理能力，而 ECMWF 则掌握了超强的数值同化技术，在国际上一枝独秀，一旦有了资料，可以很快转化为预报水平的提升。这方面是我国的短板，建议在建设全球海洋气象观测网的同时，加强对海洋资料分析应用的研发，只有这样才能达到预期的建设效果。

（四）进一步加大对海洋自动观测设备的研发

近年来，尽管我国在海洋自动漂流气象观测设备的研发方面取得了显著成绩，但与国际先进水平相比，在仪器设备的稳定性、可维护性等方面尚有差距，特别是在长时间漂流观测的过程中，能否持续保持良好性能，有待进一步检验。建议通过合作加大研发、实验的支持力度，确保全球海洋观测业务装备的可靠性。

（来源：《咨询报告》2022 年第 1 期）

关于排查整治天气应用“问题地图”的建议*

摘要：手机天气应用(即天气类 App)是目前公众获取天气信息的最主要方式。电信部门在对部分天气应用抽检时发现，在显示位置时存在危害国家主权和领土完整的问题，考虑气象部门依法承担着全国气象行业管理责任，对气象服务中关乎国家利益的问题应给予高度重视。因此，中国气象局气象发展与规划院组织对“问题地图”的有关情况进行了深入调查研究，并提出了对策建议。本报告提出采取技术与管理相结合的方式，通过“一查、二改、三防”举措进行“问题地图”整治，“一查”即组织开展天气应用“问题地图”风险全面排查；“二改”即抓紧落实整改责任和措施并加强监督；“三防”即建立健全天气应用地图监管长效机制，以期解决问题并避免复发。

据统计，超过 72%的公众通过手机天气应用(即天气类 App)获取天气信息。几乎所有天气应用都使用手机位置和地图信息为用户提供精细化服务。因此，手机位置和地图信息的准确性与气象服务质量密切相关。特别是在天气应用中出现危害国家主权和领土完整的“问题地图”时，气象部门更应发挥气象主管机构职责，以“零容忍”态度加强治理。

一、天气应用中存在危害国家主权和领土完整的“问题地图”

2022 年 4 月，电信部门对全国 183 种天气应用中的 15 种进行了地理

---

* 执笔人：周勇　唐伟　郭转转

位置显示情况抽查。抽查发现，部分天气应用在位置显示时存在危害国家主权和领土完整的问题（详见附录）。主要表现在：（1）中国领土标注外国地名；（2）领土信息不完整，重要岛屿无法定位或搜索不到；（3）钓鱼岛归属地标注不一致；（4）地理位置信息显示精度差异大。

二、问题分析及对“问题地图”所应采取的态度

进一步测试表明，使用手机预置地图时，其定位和地名显示均正确，因此，可以初步判定：位置信息显示错误并非手机设备问题，而是出于天气应用软件漏洞，属于“问题地图”使用类风险。

“问题地图”不仅损害消费者利益，严重的会损害国家安全利益和民族尊严，甚至会带来恶劣的政治影响。中央领导和相关部门对此一贯高度重视，曾于 2011 年和 2017 年两次组织多部门联合专项治理行动①，强调对“问题地图”实行“零容忍”。

中国气象局作为国家气象主管机构，负有全国气象行业管理责任②。因此，不论出现问题的天气应用是否属于气象部门，气象部门都应对其进行监管，并且要按照国家统一要求，对“问题地图”“零容忍”。

三、治理天气应用“问题地图”的建议措施

根据政府部门职责分工，气象部门负责气象行业管理、测绘部门负责地图管理、工信部门负责移动互联网及智能终端管理。天气应用“问题地图”

---

① 2011 年，由国家测绘局、中共中央宣传部、外交部、教育部、工业和信息化部、公安部、民政部、商务部、海关总署、国家工商总局、新闻出版总署、国务院新闻办、国家保密局等 13 部门组成的全国国家版图意识宣传教育和地图市场监管协调指导小组，在全国开展针对“问题地图”专项治理行动。2017 年，为贯彻落实中央领导关于全覆盖排查整治“问题地图”的重要批示精神，国土资源部、国家测绘地理信息局、中央网信办、国办信息公开办、新闻出版广电总局、外交部、教育部、工业和信息化部、公安部、海关总署、工商总局、国家保密局、国家文物局、联参战保局等部门联合开展全覆盖排查整治“问题地图”专项行动。

② 依据：《中华人民共和国气象法》第五条、第二十六条；《气象行业管理若干规定》（中国气象局令 第 34 号）第二条、第三条。

既涉及气象，又涉及地图和终端，所以需要气象、测绘和工信等多部门各司其职、齐抓共管。建议采取技术与管理相结合的措施，“一查、二改、三防”，全面排查整治天气应用“问题地图”，并建立长效机制以避免问题复发。

(一)组织开展天气应用“问题地图”风险全面排查

全面排查分自查和抽检两阶段进行，并同步开展宣贯培训帮扶工作。第一阶段，由中国气象局从加强行业管理角度出发，会同测绘、工信等部门联合印发通知，要求全国范围所有天气应用运营单位开展自查。自查范围包括所有版本应用，并限期上报“问题地图”自查结果。第二阶段，选择安装多、影响大的部分天气应用，结合第一阶段上报信息，委托电信技术支持部门开展第三方测试。此后，把自查和抽检中发现的问题制成清单，作为下一步整改工作的基础。

(二)抓紧落实整改责任和措施并加强监督

本着“谁运营、谁负责”的原则，对排查中发现的问题进行整改。中国气象局一方面要组织做好下属事业单位和企业运营的天气应用整改工作，另一方面，要履行行业管理职责，加强对部门外(包括地方政府部门、民营企业等)天气应用整改工作的监督检查。对拒不自查或未纠正违法违规问题的，要会同测绘、工信等部门依法依规追究有关责任。

(三)建立健全天气应用地图监管长效机制

随着新应用的产生和旧应用的升级，“问题地图”风险将长期存在，老问题还可能复发。因此，必须建立对天气应用监管的长效机制。建议：一要完善天气应用定位显示相关技术标准；二要推广使用国产地图，避免受到国外系统变更造成的连带影响；三要分类施策，针对公众气象服务、专业气象服务等不同类型服务的特点，制定相应监管措施，完善常态化的监督管理办法；四要广泛合作，加强与测绘、工信等部门齐抓共管，并畅通群众举报方式和渠道，扩大公众参与度。

附录 敏感地区定位显示抽检报告(天气类 App)

附录 敏感地区定位显示抽检报告(天气类App)[①]

一、抽检背景

随着信息通信的发展，通过便携式移动通信终端，如手机上的各类天气应用查看天气预报信息，成为人们日常生活中随时随地、必不可少的需求。天气应用通过地理位置定位及显示，实时为用户呈现和报告所处位置的天气情况等信息。

2022年4月，电信终端产业协会（TAF）和实验室（博鼎实华）对国内15种共35个不同版本的天气应用进行了地理位置显示功能抽查验证。抽查发现，部分天气应用在位置显示中存在危害国家主权和领土完整的问题。

二、试验验证

（一）验证方案[②]

针对天气应用的地理位置显示，实验室设计了初步排查的验证方案：通过在实验室环境下模拟设置出部分敏感地区位置信息并使之在终端上生效，进而查看在手机界面显示语言为中文简体的状态下，天气应用对该位置信息的显示是否准确。

1. 验证对象

验证对象为各应用市场上常见的天气应用，查看其位置定位和显示信息。初步筛选了15款天气应用，主要适配的操作系统包括IOS、安卓和鸿蒙，具体信息如表1所示。

① 来源：电信终端产业协会（TAF）、实验室（博鼎实华）。

② 补充说明：(1)实验室的地点模拟坐标有限，在同一城市或区域仅选取代表性地址作为模拟地点，尚不能完全代表实际的用户活动和使用场景范围；(2)实验室使用终端和实际用户使用终端可能存在操作系统和应用上的版本差异。

表 1　15 款天气应用的具体信息

序号	天气应用名称	IOS 软件版本号	安卓软件版本号	鸿蒙软件版本号
1	中国天气	V8.3.6	V8.3.6	V8.3.6
2	墨迹天气	V9.0	V9.0402.02_5115	V9.0402.02_5057
3	天气通	V7.58	—	—
4	简单天气	V1.5.4	V1.6.0	V1.6.2
5	中华万年历	V8.5.7	V8.5.6	V8.5.6
6	最美天气	V7.1.7	V7.1.7	V7.1.7
7	彩云天气	V6.4.2	V6.4.2	V6.1.0
8	天气预报	V8.2.6	V6.7.2	V6.7.2
9	天天天气[1)]	V3.0.4	—	—
10	华夏天气[2)]	V5.0.0	V4.1.1	V4.2.0
11	黄历天气	V1.5.0	V5.15.5.3	V5.15.5.3
12	天气早知道	—	V5.7.0	V5.7.0
13	360 天气	—	V4.0.71	V4.0.71
14	七彩天气预报	—	V4.3.2.5	—
15	本地天气预报	—	V6.1.8v	—

注：未标注版本号的，即本次测试未覆盖，可能原因包括该天气应用无对应的操作系统适配版本，或现有技术手段暂无法令该天气应用的地理位置在实验室环境下生效，还需要进一步研究。

1)天天天气，原名叫云云天气。

2)华夏天气的安卓版本叫吉日天气。

2. 模拟地点

模拟的地点位置信息如表 2 所示。

表 2　模拟的地点位置信息

序号	地点	经纬度[1)]	邻国	错误名称示例
1	藏南洞朗	经度：92.5978569° 纬度：28.5861231°	印度	
2	西沙群岛/三沙永兴岛	经度：112.3427582° 纬度：16.8394078°	菲律宾	黄沙群岛、富林鸟

续表

序号	地点	经纬度[1)]	邻国	错误名称示例
3	中国台湾	经度:112.5648771° 纬度:25.0395186°		
4	中国香港	经度:114.0424558° 纬度:22.3156496°		
5	中国澳门	经度:113.5505588° 纬度:22.2092202°		
6	丹东/鸭绿江	经度:124.4° 纬度:40.1236°	朝鲜	
7	中国海域/钓鱼岛	经度:123.4563315° 纬度:25.7222080°	日本	尖阁诸岛

注:1)所列经纬度为测试参考,可在一定范围内选取。

(二)验证结果

通过对15款天气应用的模拟验证,相关的地理位置定位和显示情况如下:

1. 地图应用

在模拟过程中,终端中预置的地图应用,其定位和地名显示均正确,即终端的地理位置信息获取准确。

2. 天气应用

在模拟过程中,主要出现的问题有:

一是存在敏感地区地理位置显示错误的情况。安卓版和鸿蒙版的360天气,将钓鱼岛的地理位置显示成了“德岛”(日本)。在自动定位显示错误后,在360天气中手动搜索钓鱼岛,应用中的地理位置库里能返回“钓鱼岛 福建”。

二是存在位置无法自动定位、但手动搜索地名能返回结果的情况。测试中出现该情况的天气应用有:

(1)中国天气应用(包括IOS\安卓\鸿蒙版本),在钓鱼岛位置无法自动定位，显示网络不可用；手动搜索添加“钓鱼岛”，返回结果为“钓鱼岛 福建”。

(2)彩云天气应用和吉日天气应用（包括安卓\鸿蒙版本），在钓鱼岛位置无法自动定位；手动搜索添加“钓鱼岛”，返回结果为“钓鱼岛 台湾”。

(3)天天天气应用和华夏天气应用（IOS 版本），在钓鱼岛位置无法自动定位，显示网络不可用；手动搜索添加“钓鱼岛”，返回结果为“钓鱼岛 福建”。

(4)360 天气应用，在台湾省位置无法自动定位；手动搜索添加“台北”，返回结果为“台北—台湾”。

三是存在同一地点位置显示的精度差异较大的问题。这一现象主要表现在对台湾省的区域定位以及钓鱼岛区域的定位上。

(1)本次测试中，对于台湾省台北市固定区域的定位，不同的天气应用呈现的地理位置信息精度有差异，精确到行政区和显示到台北市的天气应用占多数，还有少部分则只显示到台湾省，比如鸿蒙版天气预报、安卓版本地天气预报。

(2)本次测试中，对于钓鱼岛海域的定位，不同的天气应用呈现的地理位置信息精度有差异，能自动定位显示的，除了显示钓鱼岛或贡寮区/钓鱼岛外，还有少部分则只显示到中华人民共和国，比如鸿蒙版天气预报、安卓版本地天气预报。

(3)本次测试中，对于钓鱼岛海域的地理位置显示，还存在归属划分不一致的情况。能自动定位显示的，将钓鱼岛归属为福建省或台湾省的情况都存在。

四是存在位置无法自动定位且手动搜索地名也无返回结果的情况。测试中出现该情况的天气应用有：

(1)简单天气应用（包括 IOS\安卓\鸿蒙版本），在钓鱼岛位置无法自动定位；手动搜索添加“钓鱼岛”无结果返回，提示“未找到目标城市”。

(2)中华万年历应用（包括安卓\鸿蒙版本），在钓鱼岛位置无法自动定位；手动搜索添加“钓鱼岛”无结果返回，提示“无匹配城市”。

（来源：《咨询报告》2022 年第 3 期）

“云十端”新型业务技术体制下气象观测业务改革发展的思考和建议*

摘要：观测是气象事业的基础，做好观测系统建设、用好观测数据产品就等于筑牢了基础。在当前深化气象业务技术体制改革的关键时期，本报告通过行业内外的调查研究，并征询相关专家意见，探索提出了基于“云+端”技术体制的气象观测业务架构设计思路，并从观测信息获取、观测技术发展、部门管理、评价和安全保障等角度给出政策建议。

一、“云+端”新型业务技术体制下气象观测业务面临的问题

近年来，我国气象观测业务发展迅速，已基本建成布局科学、技术先进、功能完善、效益显著的综合气象观测系统，为气象现代化整体水平提升提供了有力支撑。但随着“云+端”业务技术体制改革的纵深推进，气象观测业务还存在以下亟待解决的问题。

（一）从观测产品分析加工角度，硬件、软件、数据三位一体的多源融合机制尚不完善

地面气象观测业务中，多传感器融合观测已形成较为成熟的应用；上海、广东、江苏等省级气象部门在多体制雷达协同观测、融合应用方面开展了一些示范；地基遥感垂直观测技术方面，温、湿、风、气溶胶等要素的

* 执笔人：高润祥　史静　姜明　董昊

数据融合产品在重要天气过程监测中发挥了作用。但目前的融合更多以单一层次结构为主，并未形成从底层硬件至顶层数据应用的有效联动，多传感器、多观测系统、多源观测数据间的贯通融合机制，在技术架构设计、融合策略实施等方面尚不完善。

(二)从观测装备智能化研发角度，高性能与低功耗、低成本之间存在一定矛盾

近年来，气象观测装备技术朝着高集成、智能化、协同应用的方向发展，观测装备越来越多地采用高性能处理器，对算力、算法、大数据的依赖也日趋加深。一般情况下，性能和功耗、成本基本成正比，性能越强的处理器、设备，其功耗也越大，制造成本也随之更高。如：微型化自动气象站的研发设计，采用性能高端的芯片，将视频信息处理算法前置于设备本身，增加设备自身的智能化程度，会减少对通信网络资源的过多占用，有效降低通信压力和成本，但会造成设备端功耗成倍地增长，设备成本也会大幅增加。因此，性能与功耗、成本之间的平衡问题，成为制约气象观测装备高质量快速发展的瓶颈之一。

(三)从业务运行管理角度，观测质量管理体系缺少信息化、数字化支撑

2021年初，气象观测质量管理体系在全国气象部门全面建成，为有效加强观测业务基础、促进观测业务高质量发展提供了有力支撑。但在实际运行过程中，质量体系文件的更新修订、执行过程的监督、管理评审所需信息的采集分析等关键环节基本由内审员、管理者承担，与业务系统信息资源的自动化交互不够，容易造成体系与业务“两张皮”问题。依托“云＋端”业务技术体制，将业务运行与管理数据串联，质量管理体系数字化、全链路质量管理线上化就成为可能。

(四)从社会气象观测推进角度，观测数据资源和装备保障资源的挖掘利用不足

随着《社会气象观测发展指导意见》的出台，公众、企业、社会机构等多方参与社会气象观测的积极性日渐提高，全社会共建共管共享机制逐步建立。目前，广西、河南、天津等省（直辖市）气象部门以吸纳志愿气象观测站的方式开展了社会化观测的先行先试，对专业气象观测网起到了一定的补充作用。但支撑海量社会气象观测数据清洗、存储、计算和应用的技术条件尚未形成，命名分类、数据格式等相关规范标准仍未完善，社会气象观测发展还处于起步阶段。另外，专业气象观测网的装备保障工作还较多依赖于部门内力量，社会化保障能力的支撑也仅限于以天气雷达等大型装备为代表的行业内设备生产厂家，社会资源的挖掘利用明显不足。

二、基于“云＋端”技术体制的气象观测业务的思考

（一）内涵及特征

按照气象观测业务在“云＋端”技术体制框架中的功能定位，对“观测端”进行分析研究，本报告试图给出“观测端”的概念，即：以气象大数据云平台为“云”，基于云边端一体化，建立自主能力更强、融合程度更高、服务范围更广的智慧型气象观测业务。在新型技术体制架构下，“观测端”应具备以下特征：

1. 服务于场景

气象观测是气象业务工作的基础，为气象预报预警、气象服务等业务提供观测数据支撑，这种支撑本身就是服务，数据的提供能力就是评判服务质量的标准。气象观测必须要基于服务对象的需求，也就是来源于场景需求。“观测端”的输出信息在直接服务数值模式、天气预报和气象服务等业务的基础上，还可以加工制作，提供天气实况、区域联防协同监测及预警等观测产品，以及预防型运维告警、自主融合及质控等装备保障信息，达到“即时观测、即是服务”的目的。

2. 常用常新

“云＋端”技术架构布局，要求“观测端”的装备仪器具备自适应、自诊断、自标校能力。随着信息化技术的不断发展，观测装备将不断更新迭

代，软硬件解耦、云边协同将在分布式计算、异构计算的基础上，根据特定的业务场景形成弹性的耦合关系，通过开放的核心标准，摆脱硬件对最优算法的束缚，让用户在对硬件设备无感的情况下，真正实现气象观测装备的“常用常新”。

3. 协同融合

融合信息源主要来自 4 个方面：一是多类气象观测设备间的协同融合，对同一观测目标开展协同追踪，对同一气象要素进行相互补充、校验；二是融合预报预警产品、服务应用反馈等信息，实现应对需求的自主控制、调整和输出；三是融合技术保障和历史信息，进行健康体征诊断预警的自主管理，进行“端边”协同模式下更加丰富的观测产品输出；四是顺应气象观测数字化趋势，将观测信息同步并融入智慧城市大脑，在城市“数字孪生”中增加气象维度和图层。

（二）设计思路

1. 基本原则

集约高效、业务智能。以建立资源集约、流程高效的业务架构为目标，加快数据汇集、系统整合和流程再造；加强观测领域新型业务技术发展能力建设，实现从装备智能到观测智能的优化。

创新融合、协同共享。以技术创新为驱动，强化物联网、人工智能、云计算、5G 等信息技术的融合应用；深化跨业务、跨行业、跨领域的协同管理和资源共享，探索新型观测信息获取模式。

标准规范、安全可信。坚持标准引领，规范先行，提高顶层设计能力和技术领跑实力，助力观测业务提质增效；提前谋划、同步部署，在观测系统内构建运行环境安全、数据质量可信、业务流程可控的安全防护体系。

分步推进、动态适应。立足观测业务当前基础和发展需求，坚持分类分级分阶段，实现科学合理的梯度发展；以更高标准的气象观测现代化为目标，建立动态连续的评价机制。

2. 总体框架

将气象观测业务涉及的全部业务环节及相关管理职能归纳梳理为规

划建设、研发试验、业务运行和应用服务 4 部分，共同构成“云＋端”技术体制下的观测业务（图 1）。这 4 部分是一个有机整体，互相之间具有很强的内在逻辑关系。其中，规划建设是根本前提，主要包括业务技术、架构、流程、管理的规划及建设等内容；业务运行是关键环节、基本路径，涵盖观测数据采集、质量控制、分析评估、运行监控、维护保障、计量检定等业务流程；研发试验是重要保障，体现装备及观测产品研发、检验及试验等能力；应用服务是发展动力，在观测业务中起关键引擎作用，其效益发挥是检验“云＋端”技术体制下气象观测业务实施成效的重要标准。

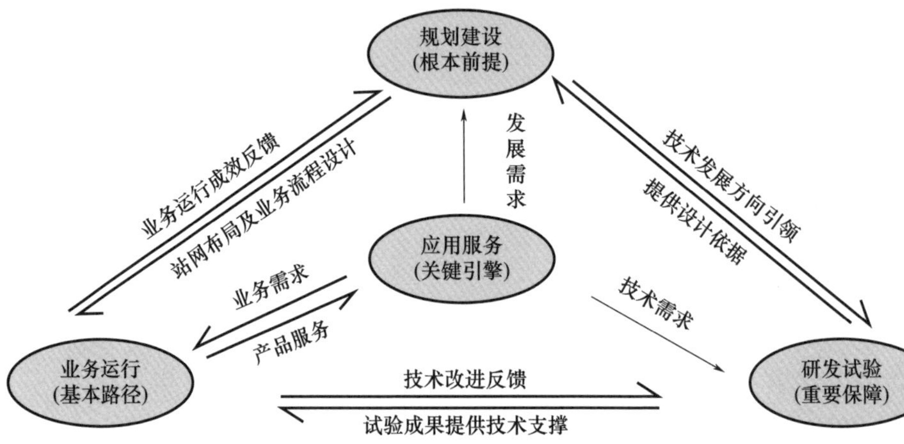

图 1　系统架构示意

这 4 部分在云环境中形成了紧密耦合的关系。应用服务向规划建设、业务运行、研发试验环节提出需求，且随着“预报端”“服务端”的调整而不断变化，通过实时业务，向“需求端”提供及时有效的气象观测服务；规划建设根据业务运行、研发试验及应用服务环节的反馈结果，持续评估规划的合理性、科学性和可操作性，以便适时修订规划。在云计算技术支撑下，整个业务流程实现了自动化的信息交互和作业调度，达到业务智能化标准。

（三）具体路线

综合考虑需求迫切性、技术成熟度等环境条件，参考云原生技术实现思路，本报告提出“云+端”业务模式下气象观测业务发展的技术路线，如图 2 所示，技术路线各组成部分间的逻辑关系与系统架构设计相一致。

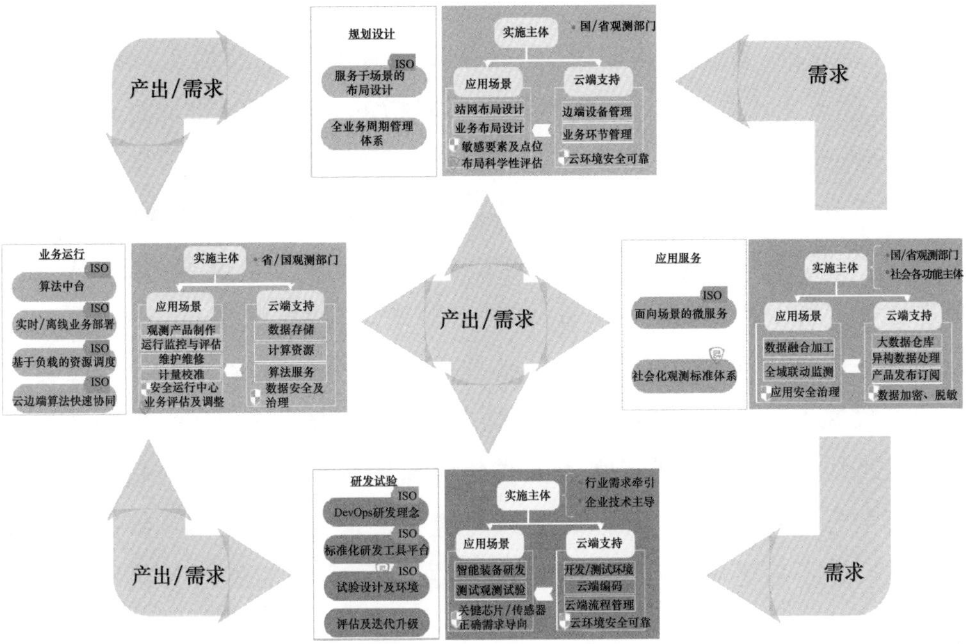

图 2　系统技术路线示意

1. 实出规划建设引领

规划建设实施主体主要分为国家级和省级两个层面：国家级进行全国气象观测业务的总体谋划；省级在国家级顶层设计框架基础上开展设计细化、技术落地和区域（地方）特色规划，主要包括技术发展谋划、站网布局设计、业务结构规划和业务流程设计，以及相关建设任务，涵盖了推动“观测端”发展的相关内容。规划建设阶段，敏感要素及重要点位布局，以及相关数据的收集、存储、加工及应用，是站网规划安全能力建设的重点，既要从保障国家安全和人民生命财产安全的高度来统筹谋划观测站网，还要对站网布局的合理性、科学性进行持续评估和适时调整，以满足新形势和新发展的要求。同时，支撑业务运行的云环境也应安全可控，遵循 ISO 质量管理标准化体系要求。

2. 抓住业务运行关键

业务运行环节的实施主体包括各级气象部门，主要以省级及以下用户为主。其业务应用场景从观测数据获取、运行状态监控评估、装备维护维修、计量校准、备件仓储调度，到数据质量控制及产品加工，覆盖“观测端”日常业务全流程。其中，观测数据获取指的是部门内的气象观测数据采集，以及通过对社会资源整合、挖掘及加工而获得的观测数据和气象信息。该环节“云＋端”的改造实施涉及算法中台、实时/离线业务混合部署、基于负载均衡的资源调度、云边端算法快速协同等技术，在云环境中实现数据存储、算法加工和部署及对“观测端”的指挥调度。

业务运行安全能力建设的重点是建设业务应用场景的安全运营中心。以数据为中心，建立观测设备、通信链路、数据收集平台、质控及产品加工流水线、探测环境相互间的关联分析和印证，多角度进行业务运行环节的安全分析和评估。同时，对于云环境中的海量观测数据，数据安全治理问题同样不容忽视。信息技术的不断发展一定伴随着业务组织架构的适应性调整，因此，业务运行环节建设的关键是对各观测系统开展适应“云＋端”技术体制架构的业务流程重构。

3. 注重研发试验推动

针对新技术、新装备和新方法的研发及相关观测试验，是大力发展观测技术、提升观测装备智能化水平、推动气象观测业务高质量发展的重要手段，应遵循行业需求引领、企业技术主导、产学研用深度融合的实施思路。在以智能装备研发、测试与观测试验为主的业务应用场景中，重点关注安全问题：一是关键芯片/传感器的自主研发及国产化，在技术体制、探测精度、核心算法等方面取得突破；二是正确的需求导向引领，避免资本逐利裹挟战略布局方向。在研发试验环节，能够与信息化技术产生更为紧密的联系，容器技术、DevOps 研发理念、标准化研发平台工具、标准化试验环境的应用，将大大提升观测业务的研发试验能力。

4. 重视应用服务效益

与以往气象观测业务对应用服务的重视程度相比，在“云＋端”技术体制下，“观测端”更加注重服务输出，不仅与“预报端”“服务端”产生业务交互，还将与社会直接发生信息耦合。因此，应用服务就成为气象观测业务的价值窗口，全国各级气象部门乃至各社会功能主体均可对气象观测数据进行生产、加工及应用。随着实施主体范围的扩大，其应用场景也极大丰富，可包括数据融合加工、全域联动监测预警、个性化服务等。应用服务环节可能使用的技术有面向场景的微服务、社会观测的标准化等，同时还需要大数据仓库、异构数据处理及产品发布订阅等云环境支撑，其中数据的加密、脱敏以及应用安全的治理尤为重要。

三、政策建议

（一）服务于场景，建立协同共享的观测信息获取体系

一方面，要深入分析气象观测需求侧和供给侧的基础与条件，形成以应用场景为基本单元的观测信息需求清单，实现场景内供、需两侧的双边智能匹配。在部门内观测信息服务对象不再局限于模式运行、预报预测和气象服务，还可以根据供给侧自身条件分析应用场景需求，动态、精准地对接需求侧加工生成天气实况、区域联防协同监测及预警等观测产品，以及预防型运维告警、自主融合质控等装备保障信息。

另一方面，要积极挖掘社会化观测资源，持续拓展观测信息获取渠道，实现社会资源的实时优化配置和充分共享，积极推进小微智能型气象观测装备建设，并根据实际需求对观测要素、测量精度、数据传输频次等指标进行调整，以降低建设成本、扩大服务范围，还应积极整合、加工及管理外部门、外行业资源，依托“云”资源和大数据分析，产出多样性、时效性和精细化更优的观测信息，体现观测价值。

（二）深化新技术应用，建立开放多元的观测技术发展体系

打破行业壁垒，与新技术进行跨界共创，打造“气象观测＋”模式。从观测装备、观测信息等不同维度，与物联网、边缘计算等信息化新技术深度融合，进行优势互补，实现更快速的观测技术开发、更灵活的观测信息

获取、更专业的观测产品服务。在共创模式中，气象观测提供专业的需求分析、成熟的算法模型和标准化的技术要求，而合作伙伴则要输出技术支撑、社会资源，双方共同打造助力观测技术发展的最优化解决方案。例如，在装备保障领域发展混合现实技术，将虚拟（信息、数据、流程）和实体（设备、观测环境、业务人员）进行相互映射和紧密耦合，形成气象观测保障“数字孪生”，实现真实设备与混合现实数字模型的同步，解决传统装备保障业务中设备运维及时性、专业性的痛点问题，进而向人员培训、社会化保障方面延伸应用。

（三）依托“云＋端”技术体制，建立敏捷高效的部门管理新模式

一是丰富部门管理职能内涵，在管理属性基础上扩展赋能属性。一方面，通过行业内资源整合，形成集政策指导、技术标准、专家力量于一体的云上强大资源池，使得各级规划设计、业务运行和技术研发在应对不同需求和调整时更加高效、灵活；另一方面，作为行业规范标准的制定者、主导者和监管者，通过统一技术标准和规范，确保观测业务各环节的精准对接、装备全生命周期管理和智能化服务，气象装备编码规则、观测业务质量管理体系的建立和应用就是很好的应用实例。

二是优化组织架构，改变以“人”为连接中枢的气象观测业务管理架构。设备间的自主连接既可以减少人工劳作工作量，又能有效保证数据及信息传递的客观、及时和全面。同时，基于“云＋端”技术体制，气象观测业务管理模式具有较好的灵活性和自适应能力，也能在一定程度上改善因过于强调标准化和一致性而偏向一刀切的垂直管理弊病。

三是建立基于云架构的业务管控，加速气象观测业务数字化转型。例如以云架构为支撑，开展气象装备准入评估业务的全链条闭环，实现从装备生产企业研发能力、生产规模、设备品控以及第三方测试评估，到业务运行质量、售后服务、用户评价等各项考核指标的客观评价，促进气象装备质量保障能力的有效提升。

（四）注重效益发挥，建立动态优化的评价模型

气象观测是一个动态的、多维度的业务集合体，除自身能力外，其中一部分功能和价值体现还依赖于与其他系统或业务的整合及互动，尤其在“云＋端”技术体制下，与“云”协作的有效性也是评价“观测端”能力的重要指标之一。因此，应建立包括内因、外因两方面的综合评价理论模型，来体现“云＋端”技术体制下气象观测业务的多维性和复杂性。一方面，“观测端”自身的能力体现在装备、数据、环境和人员等方面，评价指标可包括新技术复用率、自动化程度、“云化”改造完成率等；另一方面，“观测端”能力还体现在与其紧密联系的系统的交互中，如观测数据利用率/僵尸率、对预报或服务的贡献率等指标可以用来衡量气象观测的价值溢价/折价。因此，为确保气象观测业务的效益发挥和价值增长，应将其自身的复杂性和与其相关系统或业务的动态性特征一并考虑，对其进行综合评价，并持续动态优化。也应将其纳入气象现代化建设指标体系内，以突出气象现代化建设指标的动态特征。

（五）突出长效机制，建立全流程可控的安全保障体系

安全能力建设应贯穿气象观测整个业务链条，覆盖各个业务环节。加强气象观测业务安全统筹协调和顶层设计，观测业务实施部门、管理部门和观测装备供应商应各司其职，严格把关核心技术、关键设备和敏感数据安全；加强观测网络基础设施安全防护能力建设，尤其是在部门观测信息的共享和社会化观测资源的获取、加工方面；加强安全监管和应急处置能力建设，积极发展应急观测手段，尤其是在应对重大灾害、突发事件的气象服务保障中，切实发挥机动观测效益。

（来源：《咨询报告》2022 年第 11 期）

关于推进社会气象观测发展的建议*

摘要:随着需求与技术的双重驱动,社会气象观测发展迅猛,社会化观测资源正在发挥重要作用,可有效地补充业务观测站网密度,有助于加强中小尺度天气过程监测能力,已成为不可忽视和不可或缺的观测力量。本文对主要发达国家社会气象观测现状与趋势进行了分析,系统梳理了我国社会气象观测发展情况,并从推动社会气象观测职责的落实、建立社会气象观测分类施策机制、制定应用需求清单并开展评估业务、搭建配套的标准支撑机制4个方面提出了对策建议。

社会气象观测是指气象部门和气象行业以外的企业、社会机构和公众所从事的气象观测相关活动。随着需求与技术的双重驱动,社会气象观测迅猛发展,观测规模和覆盖范围越来越大,已成为不可忽视和不可或缺的观测力量。鼓励和规范社会气象观测活动,是推动气象高质量发展的重要内容之一。

一、主要发达国家社会气象观测现状与趋势

(一)地面气象观测

1. 基本情况

气象观测发端于非政府组织。20世纪初乃至更早,西方国家气象爱好者或利益攸关者即已自发组建志愿观测网络。2000年以来,西方政府

* 执笔人:王喆　张小锋　林霖　李芳　吕丽莉

气象机构为解决其主导建设的地面观测站网布局密度不足、运维成本高等问题，便与社会组织合作，获取其观测数据。在发展过程中，政府气象部门与社会主体良性互动，建立了良好的技术支持与数据共享机制，为其持续、稳定、健康发展奠定了良好基础。目前，主要发达国家地面气象观测在技术、设备、模式、体制方面更加丰富和多元，极大地提高了气象观测的时效性和覆盖范围，为气象服务在各领域的应用，以及气象科技研发提供了有力支撑，已成为专业观测的有力补充。

2. 合作机制

站网投资方面：系统建设及运行经费主要来自于企业或个人，政府部门较少给予经费支持，也不参与运行管理。

政府作用方面：公私之间建立了良好的互动激励机制，如政府为其颁发奖项、提供数据质量检验等技术支持，国家财政花费不多即可弥补地面业务站网在空间密度上的不足。

数据应用方面：社会气象观测的实时或者历史数据通过数据汇交、交换或者商业售卖的方式提供给政府气象部门；政府气象部门则综合利用自身的观测站网数据和社会观测数据，为整个社会提供公益性、基础性的气象信息服务。

商业运营方面：不同的观测平台或组织采用不同的盈利方式，主要的商业模式包括设备销售、广告流量变现、数据（信息）接口服务变现等，有的观测平台或组织会授予数据贡献者认证身份，或者以数据接口服务换取数据贡献者提供稳定的监测数据。

3. 代表性站网、项目或企业

美国合作观测员项目 COOP、澳大利亚雨量站志愿者观测网项目、美国城市天气观测员项目 CWOP、风暴监测项目 SKYWARN、社会气象观测社区 CoCoRaHS、Wunderground 观测网、PWS weather 观测网、Bloomsky weathermap、Weatherstem、AWEKAS、Netatmo weathermap、日本 WNI 等。

4. 发展趋势

近年来，随着自动观测设备越来越多，部分国家的合作观测员项目呈现出一定的衰弱趋势，但在监测空白区则仍强调进一步吸纳观测者，以补充特殊区域的站网密度。

（二）小卫星观测

1. 基本情况

从 2017 年开始，全球小卫星的发射数量呈明显增长趋势，许多国家在小卫星观测方面已取得丰硕成果。美国 COSMIC 计划所获取的全球廓线资料已被纳入美国国家大气和海洋局（NOAA）商业天气数据试点计划，成为应用效果排名靠前的气象卫星资料。美国航天局主导的测风小卫星星座计划 CYGNSS 的观测数据已用于海洋天气气候研究及相关业务，并延伸至分析洪水、土壤湿度、地表热通量等信息。美国政府支持的许多项目通过小卫星上装载的微波温湿度辐射计、红外探测器、激光雷达等设备，在大气、降水、海平面观测等方面取得了许多进展。

2. 合作机制

（1）完善的法律体系保障

2013 年，为应对极轨卫星数据可能出现"空白期"的风险，美国各界呼吁 NOAA 等机构向市场要数据，以降低风险。2014 年，众议院通过《2014 年天气预报改进法》，标志着 NOAA 与企业的实质性技术合作自此开始。《2017 年天气研究和预报创新法案》明确，允许政府机构可以向商业公司购买气象数据，且要求 NOAA 避免与私人企业在数据提供上出现不必要的重复。《确保美国科技领先法 2021》在获取数据部分进一步明确，在适当、符合成本效益和可行的情况下，可从私营机构获取商业天气数据。这些法案为政府部门向私营企业购买气象资料提供了法律依据，同时也在督促政府部门使用商业数据和避免重复建设。

（2）建立政府购买服务机制

2016 年，NOAA 启动了商业数据项目，"评估商业天气数据在 NOAA 的天气模拟和预报中应用的潜在可行性"，支持"购买、评估和校准可用数据"。在无线电掩星数据购买（RODB-1，2020—2022）第一期计划中，NO-

AA 分别与 GeoOptics 和 Spire Global 两家公司签订了购买卫星探测数据合同，两年总合同金额约 2300 万美元。受益于 Spire Global 稳定可靠的数据支撑，NOAA 评估认为商业资源数据的成本只有政府自建成本的四分之一到一半，却极大地提高了天气预报准确度，因此，于 2022 年 3 月决定扩大购买商业 RO 数据。在第二期计划（RODB-2 IDIQ）中，NOAA 分别与 Space Sciences and Engineering LLC（PlanetiQ）和 Spire Global Subsidiary Inc. 签订了为期 5 年的合同，总合同金额近 6000 万美元。

（3）注重数据应用效益

美国 COSMIC 计划所获取的数据对全球各国用户免费提供。COSMIC 数据经处理后，通过 NOAA 下属的国家环境卫星、数据和信息服务中心提供给本国及其他国家官方机构，如澳大利亚气象局、日本气象厅、加拿大气象局、法国气象局等。通过搭建用户论坛和学术资料库，为用户提供友好且持续的服务支撑，帮助注册用户更好地使用 COSMIC 数据产品。探测数据直接改善了全球大气的分析，特别是在海洋、极地和其他难以取样的区域。得益于 COSMIC-1 取得的成功，2019 年 6 月顺利启动了第二期任务 FORMOSAT-7/COSMIC-2 并持续稳定地运营维护至今。

3. 发展趋势

对于社会气象观测，国外政府越来越注重对高价值气象数据的购买和使用，特别是对于能够提升数值预报模式可用性和天气预报准确度的商业探测数据。但国外社会气象观测的发展与其经济社会制度密不可分。中国可以借鉴其好的方面，但不能照搬照抄，而是要立足我国国情，正确看待、推动、鼓励和引导社会气象观测的发展。

二、我国社会气象观测发展情况

我国社会气象观测的发展整体较缓慢，但在气象部门的支持和鼓励下，近几年得到快速发展。

（一）稳步推进观测装备保障社会化

2006 年，《中国气象局业务技术体制改革总体方案》明确提出气象专用设备维修以自身力量为主、社会力量为辅，通用设备维修以社会力量为主的改革方向，标志着气象观测业务体制正式进入“保障社会化”阶段。2013 年，《中国气象局关于全面推进气象现代化工作的通知》提出要充分利用社会力量和资源参与气象服务，逐步形成公共气象服务与社会化气象服务的新格局。2014 年，《中共中国气象局党组关于全面深化气象改革的意见》明确提出要建立企业和社会力量承担气象业务运行的工作机制，推进气象技术装备和信息网络运行保障、气象信息传播、灾害性天气辅助观测等工作社会化。

（二）出台《社会气象观测发展指导意见》

2018 年 9 月，《社会气象观测发展指导意见》提出按照“鼓励观测、开放观测、共享观测”的理念，建立健全社会气象观测标准规范、信息共享和评价激励机制，形成公众、企业、社会机构等多方参与的社会气象观测主体，实现社会气象观测数据统一收集、存储，鼓励和引导社会各界开展气象大数据融合应用，实现“政府引导、社会和市场主导、公众参与”的社会气象观测发展新格局，推动社会气象观测事业健康持续发展。

目前，我国社会气象观测主体发展迅速，主要分为两类：一类是自建观测系统，围绕科学研究、智慧城市、交通运输、旅游、体育、农业、保险、新能源等需求开展气象观测，通过有偿气象信息服务获取回报，如天津云遥宇航公司、北京知一航宇科技有限公司、南京应龙科技有限公司、航天宏图、中科星图、深圳昆特等企业。另一类是利用公开获取的国内外气象观测数据和预报产品，加工分析后向用户提供气象信息服务，同时与服务对象互动，获取局地天气实况信息，如墨迹、彩云天气、瞰天等企业。

（三）鼓励志愿气象观测

2018 年 9 月，中国气象局印发了《志愿气象观测行动计划（2018—2020 年）》，通过试点大力推进志愿气象观测站建设和志愿气象观测信息收集应用，促进志愿气象观测能力的有序发展，建立稳定的志愿气象观测业务。2020 年，中国气象局将广西、河南作为全国志愿气象观测站（以下简称“志愿站”)工作试点单位。试点省通过加大政府主导、发挥气象部门优势、深化行业部门合作等,开辟了社会气象观测管理新途径。发展和认定了 1181 个志愿站,站网水平分辨率由 9.1 千米加密到 7.8 千米,汇集了 5000 多个摄像头开展图像智能识别,实现了气象观测快速“加密”;建立了统一的社会气象观测业务平台与用户“端”相结合的模式,推进了社会气象观测的有效共享、合理共用,做到了社会气象观测数据“用起来”;将部门、企业自建的自动气象站纳入志愿站管理,鼓励社会大众通过注册“气象观测志愿者”微信小程序成为志愿者,招募了 2625 名气象观测志愿者,初步实现了社会气象观测“管起来”;利用交通、涉海、涉农、电力等企业 545 个志愿站和部署于北部湾深海区的测风雷达志愿站(投资约 1500 万元),有效填补北部湾重要航线专业气象观测盲区,节省了近 4770 万元的建设投入,实现了“不为所有、但为所用”的专业气象观测网建设新模式。

(四)引导新型社会气象观测

随着技术的驱动,小微观测设备快速发展,包括手持气象站、城市灯杆实景、手机传感器、个人腕表等。基于非气象观测设备的信息反演技术也在不断发展,如利用汽车雨刷变化速度获取降雨量信息等。2019 年,为引导和规范便捷式气象观测仪装备的研发、生产和使用,中国气象局综合观测司制定了《便捷式自动气象观测仪分级技术规范(试行)》。2022 年 12 月,中国气象局综合观测司、预报与网络司联合印发了《城市气象观测能力建设指导意见》,提出鼓励社会组织、科研机构和企业根据需要,以志愿气象观测站等形式开展气象观测,推进发展“泛在感知”社会化智慧气象观测等具体任务。

(五)对社会气象观测数据开展检验评估

2022 年,地球系统数值预报中心利用中国气象局全球同化预报系统(CMA-GFS3.3)的四维变分同化系统(4D-Var)对掩星折射率数据进行同化试验;国家气象信息中心对掩星资料开展同化敏感性试验,参照 GSI 同化系统对美国 COSMIC2 系列掩星资料的质量控制方法,对云遥做了更严格的质量控制，并通过一系列评估工作，对掩星数据的应用前景和统筹规划起到了指导作用。

社会气象观测对气象事业发展带来积极影响。通过调研分析及初步评估，社会气象观测数据可用于预报业务与气象服务，其应用价值存在很大差异，基本上可分为高、中、低三类：一些探测数据，例如全球掩星探测数据、雷电观测数据，能够在很大程度上弥补国家气象综合观测能力的不足，在极端情况下发挥不可替代的作用，属于高应用价值数据；一些数据，例如航空遥感图像、高清摄像图像，在气象服务方面有一定的应用价值，属于中等应用价值数据；气象爱好者手持设备获得的气压、温度等数据，观测环境不确定，质量难以保障，属于低应用价值数据。

三、建议措施

当前，我国社会气象观测的发展速度较快，发挥了一定的社会经济效益。在鼓励引导社会气象观测发展方面，中国气象局出台了一系列改革方案、政策举措和实践措施，取得了一定的成效，但仍存在职责不清、需求不明、法规执行不力、标准引导不足、政策落实不到位等问题。社会气象观测对促进气象高质量发展的效果和效益还没有充分发挥，其应用和管理与国外先进水平相比还存在不小差距，需要气象主管机构加以重视，突出应用导向，促进社会气象观测的高质量发展。

（一）推动社会气象观测职责的落实

一是建立联合工作机制。由中国气象局综合观测司牵头，预报与网络司、政策法规司、计划财务司参与成立工作协调小组，制定社会气象观测发展实施方案，明确各职能司的职责，形成年度任务，组织开展政策评估，推动《社会气象观测发展指导意见》落实落细。二是用好协会资源。发挥地球系统社会观测专业委员会的作用，组建社会观测专家联盟，畅通交流互动机制，及时反馈社会气象观测的诉求。

（二）建立社会气象观测分类施策机制

一是推进商业气象观测。侧重于小卫星观测，从标准、政策、机制等方面入手，明确相关的决策管理与组织流程，推进质量控制、业务应用、效果评估，提升商业小卫星观测的效益。二是鼓励志愿气象观测。从站网管理的角度，建立志愿气象观测站认定规范，纳入省级常规气象观测站网序列，建立相应的认定、计量、运行、管理、退出等机制。三是引导新型气象观测。以社会企业为主体，引导部门企业与社会企业合作，强化部门事企对接，加强规划引导。

（三）制定应用需求清单并开展评估业务

一是制定社会气象观测应用需求清单。结合气象业务链条的需求，从可用性、用途、适用范围等各种角度来综合制定，明确应用需求的优先次序，以应用来牵引提升社会气象观测的质量。二是建立社会气象观测数据应用评估机制。构建社会气象观测检验、评估、评价技术方法，建立数据和产品的科学化、标准化、客观化、定量化检验评估系统，健全产品检验反馈机制，强化检验结果在产品订正、技术改进等方面的应用。三是开展社会气象观测综合评估业务。构建社会气象观测设备、平台、数据采集、传输、加工等质量评价方法，并开展相关评估，引导社会气象观测的发展。

（四）搭建配套的标准支撑机制

一是主导建立社会气象观测的标准体系。引导社会气象观测行为，制定覆盖社会气象观测设备、站网管理、数据获取与汇交、数据处理与应用等各环节的系列标准，发布社会气象观测技术指南。二是搭建统一的社会气象观测业务平台。明确社会气象观测所获得的资料在统一业务平台上汇交，探索与社会观测相适应的数据质控新流程、新方法，实现观测数据统一"入口"、数据质量统一"出口"。三是健全社会气象观测发展机制。推动社会气象观测建设纳入政府直接投资，运行资金补助获得财政支持，探索政府购买服务模式，并充分调动社会各方面的积极性，引导社会资本进入社会气象观测领域，拓宽建设及运行资金来源，推动建立社会资本投入保障机制。

（来源：《咨询报告》2023年第4期）

第三部分

现代气象服务

“十四五”以来，气象部门面向国家重大战略、面向人民美好生活需要，推动气象服务供给侧结构性改革，构建现代气象服务体系，提高气象服务质量和效益。当前，气象综合防灾减灾体系建设成效显著，气象防灾减灾第一道防线作用充分发挥，面向农业、交通、能源、海洋等领域实施的“气象+”赋能行动取得积极进展，公共服务全媒体服务矩阵建成，精细化气象服务产品不断丰富，气象服务成为覆盖面最广、满意度最高的公共服务之一。本部分将基于智慧气象保障城市治理、远洋气象导航服务、综合防灾减灾、风能经济损失、农业气象经济效益等研究基础上形成的咨询报告进行了汇集。

智慧气象保障城市精细化治理的“上海探索”*

摘要：城市是我国经济、政治、文化等方面活动的中心，在党和国家工作全局中具有举足轻重的地位。提高城市精细化治理气象保障水平，是气象工作贯彻落实习近平总书记重要指示精神的必然要求，是发挥“生命安全、生产发展、生活富裕、生态良好”服务效益的重要举措，意义重大、影响深远。上海市气象局、中国气象局气象发展与规划院就气象深度融入上海“一网统管”、推动智慧气象保障城市精细化治理的探索实践进行了深入调研，分析了城市精细化治理的气象服务趋势，总结了上海构建智慧气象赋能城市治理的“54321”工作体系，研究了智慧气象保障城市精细化治理的机遇和挑战、优势和劣势，提出了发展智慧气象保障城市精细化治理的政策建议。

随着我国加快城市和城市群发展，城市精细化治理已成为气象服务要求最高、需求最迫切、场景最集中的领域，也为智慧气象服务创造了前所未有的基础条件和发展前景。因此，发展智慧气象、提高城市精细化治理气象服务保障水平，是气象工作贯彻落实习近平总书记重要指示精神的必然要求，是发挥“生命安全、生产发展、生活富裕、生态良好”服务效益的重大举措，意义重大、影响深远。

---

* 执笔人：冯磊　廖军　杨捷　李栋

一、城市精细化治理的趋势分析——以上海为例

习近平总书记对上海提出了“走出一条符合大城市特点和规律的社会治理新路子”的要求。超大城市是我国划分城市规模的分类之一。国务院发布的《关于调整城市规模划分标准的通知》规定，城区常住人口1000万以上的城市为超大城市。超大城市不仅仅是一个地区或国家的经济、行政、文化中心，而且越来越表现为代表该地区或国家走向世界的一张名片，超大城市治理的好坏直接影响一个国家的国际知名度和国际形象。深入剖析超大城市特点、精细化治理方式和气象服务模式，对于全国气象部门做好城市气象服务具有重要的借鉴意义。

超大城市是一个复杂的、巨大的运行系统，具有持续迭代升级的“级联效应”，结合气象服务关注点分析，大城市具有6个富有辩证性的特点。

小与大。小天气会造成大影响，超大城市的交通会因为早高峰的一场小雨而瘫痪。由于超大城市运行要素的超复杂关系，一个小的事件由于风险的流变突变和传递耦合，可能放大引发城市“宕机”式的风险，“黑天鹅”事件会加速演变为“灰犀牛”。

好与坏。坏天气也会有好效益，比如台风来临前的流云让天空多了一份绮丽的姿色，淅淅沥沥的小雨让江南水乡有更浓韵味。好天气也会有坏影响，如上海市民不约而同挑选天气晴好的周末去顾村公园赏樱花，导致交通拥堵不堪。

有与无。超大城市运行管理中涉及的各区域、各领域、各环节、各要素，都是超大城市治理的重点，超大城市风险应对是常态工作，没有非重点只有重点，没有非常态只有常态。

多与少。超大城市治理痛点少、痒点多。随着韧性城市、智慧城市发展，使得承灾体的脆弱性、暴露度降低，中等灾害应对能力增强，城市治理痛点减少。而另一方面，随着超大城市经济生产和生活高度密集，城市病层出不穷，城市治理痒点增多。

强与弱。超大城市气象服务需求强、供给弱。“生命安全、生产发展、

生活富裕、生态良好”等方面的城市治理呈现出多场景、多主体、多需求、高要求，气象部门可配置的资源有限，目前的传统工作组织方式无法覆盖所有场景。

丰与贫。超大城市社会资源极度丰富，而气象专业资源相对贫乏。因此，充分运用好社会资源开展智慧气象服务是气象部门不断探索的方向。

二、上海推动智慧气象保障城市精细化治理的实践

按照习近平总书记的要求，上海作为全世界观察中国的重要窗口，正在努力打造成为我国城市治理的样板，向世界展现“中国之治”新境界。几年来，上海市委、市政府以“一网统管”为抓手，认真探索，形成了超大城市综合治理现代化实现路径：以探索世界一流城市治理模式“上海方案”为目标；以生命、生产、生活、生态综合治理为总体框架；以上海市城市运行管理中心为运作实体，以三级平台、五级应用为逻辑架构；以治理要素一张图、互联互通一张网、数据汇集一个湖、城市大脑一朵云、系统开发一平台、移动应用一门户为技术体系；以一屏观全域、一网管全城，“观、管、防”结合，在最低层级、最早时间，以相对最小成本，解决最突出问题，取得最佳综合效应。同时，形成了城市治理由被动处置型向主动发现型转变，由经验判断型向数据分析型转变，由单一处置型向联勤联动型转变，由人力密集型向人机交互智能型转变的城市治理发展理念。“一网统管”这一我国超大城市治理现代化的“上海方案”，在新发展格局中找准了发力点和突破口，率先探索走出了一条具有中国特色、体现时代特征、彰显制度优势的超大城市治理之路。

2019 年 7 月，中国气象局与上海市人民政府举行第七届部市合作会议，将“智慧气象保障城市精细化管理试点”列入合作重点项目。作为中国气象局城市智慧气象服务试点单位，上海气象工作按照“＋气象”的服务理念，初步构建了智慧气象赋能城市治理“54321”的工作体系，深入融入上海“一网统管”城市治理探索中，将监测精密、预报精准、服务精细的

气象业务服务能力转化为提高城市精细化管理水平的实效，积极破解城市治理气象保障难题，在全面推进“一网统管”建设、促进城市管理精细化、保障城市安全有序运行等方面发挥了重要作用。

（一）实现“五个理念”升级

一是城市精密监测要实现从观测到感知的升级。从常规“面向预报”的观测向“面向服务”的观测延伸，从“天气观测”向“城市体征观测”延伸，建立城市气象体征感知标准体系。依托城市新基建，紧密贴合城市部件，铺设泛在、高密度、低成本、免维护、精度适当的“寄生应用”型城市“气象皮肤”，实现“观测即服务”“数据分析即感知”。

二是城市精准预报要实现从预报到先知的升级。随着智能网格预报的发展，天气预报越来越精细，但精细化预报仍然无法解决城市管理者的决策痛点。气象部门不仅要告诉决策者天气预报是什么，还要告诉其有什么影响，为其决策指挥提供支撑。上海市气象部门不断升级建设城市精细化管理气象先知系统，将气象数据与城市管理事件数据深度融合，建立气象要素对城市运行管理事件的影响模型，通过预测天气变化，推导城市运行应变量的变化，助力城市运行管理者采取事先预防的措施，努力实现事未发、人先知、管在事先、防于未然。

三是城市气象精细服务要实现从服务到赋能的升级。提高城市各部门各行业对智慧气象的应用意识和能力，从服务供给侧发力向应用需求侧发力延伸，实现应用主体主动要气象服务、用气象服务。将气象服务嵌入其业务流程，与其应用迭代深入融合，使智慧气象从气象服务向气象“赋能”延伸，从服务与被服务的弱连接向融为一体的强连接升级，构建智慧气象发展与城市治理发展的“共生体”。

四是从气象科技到科技气象升级。目前，云数网边端成为城市新基建，数字孪生城市的各类不接触治理技术成为发展方向。气象感知、气象皮肤，以及气象虚拟现实技术等亟须发展。气象技术要适应大数据、人工智能、边缘计算技术的发展，需要从传统的气象科技向运用“云、大、物、移、智”、叠加云数网边端、融合数字孪生等新技术的科技气象转变和升级。

五是从动力到活力的升级。城市治理需求旺盛，智慧气象发展动力足而活力不足。需要建立对科技气象成果的绩效激励制度，充分发挥专业技术人员的活力。需要建立智慧气象创新平台，建立智慧气象服务产业联盟，建立智慧气象发展创新基金，探索智慧气象发展政企、政校等合作新模式，充分发挥资本、市场、企业和高校、科研院所的活力。同时，两网融合①正在成为趋势，气象减灾和法规两个部门要加强对接，上下融合，三级平台五级应用，气象部门正好可以借此打通省、市、县三级气象系统。

（二）建立“四个融合”机制

一是数据融合机制。上海市气象部门依托市大数据中心，共享了公安、住建、水务等城市运行管理部门海量数据，实现气象大数据与城市运行大数据融合分析。

二是技术融合机制。与城市运行管理部门、科研院校和大数据公司开展深入合作，组建了城市管理部门＋气象＋新技术三结合的项目和团队。

三是系统融合机制。上海气象先知系统纳入城市运行“一网统管”专业指挥系统，打造了“气象插件”，正在接入上海市政府办公厅、市公安局、市水务局、市住建委指挥系统和城市精细化管理应用场景，供政府决策、城市运行管理部门等“即插即用”（图 1）。

四是制度融合机制。2020 年 4 月，上海市政府办公厅出台了推进智慧气象保障城市精细化管理实施意见，全市 16 个区陆续出台了细化落实的实施方案。气象部门与市公安局、市水务局、市住建委等智慧气象服务重点场景部门签订战略合作协议。气象部门与 16 个区应急部门签署合作协议，明确气象嵌入城市运行管理平台的机制。气象、应急会同文旅、教育、民政、卫健等行业主管部门出台气象灾害防御重点单位认定、服务和管理的制度文件，落实基层精细化管理气象服务的工作机制。

---

① 两网融合指政务服务“一网通办”和城市运行“一网统管”相融合。

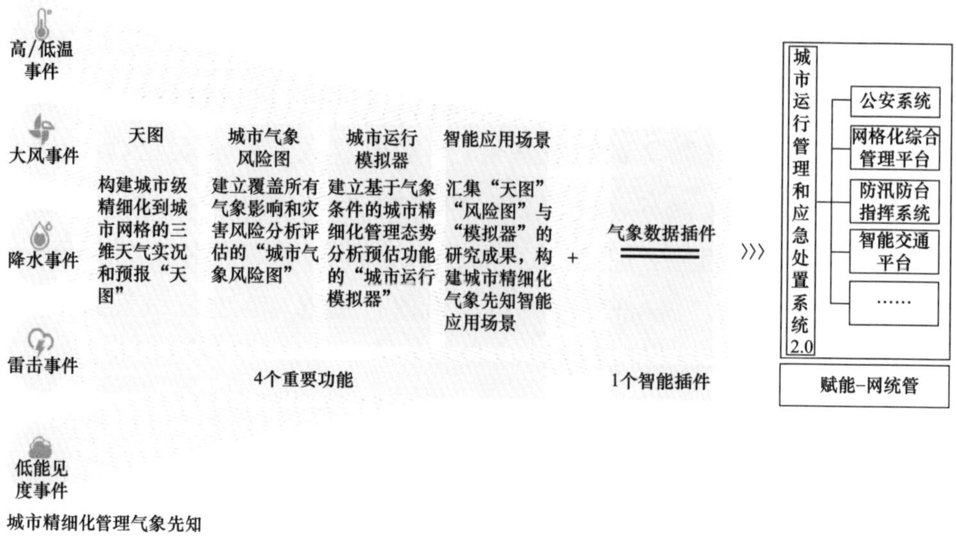

图 1　“气象插件”服务逻辑图

（三）提高“三个赋能”作用

推进智慧气象三大基础赋能“神器”建设。一是构建城市级精细化到城市网格的三维天气实况和预报“天图”。二是建立覆盖所有气象影响和灾害风险分析评估的“城市气象风险图”。三是建立基于气象条件的城市精细化管理态势分析预估功能的“城市运行模拟器”。

（四）实现“双环驱动”发展

一是建立外部“赋能环”。智慧气象服务通过先知系统或气象插件嵌入城市运行管理部门的指挥系统和应用场景，在赋能的同时，各部门不断提出新的内生需求，气象部门积极响应，开发更多赋能应用。二是带动内部“驱动环”。不断涌现的气象服务需求驱动智慧气象研究型业务发展。双环驱动、环环相扣，形成智慧气象融入城市精细化管理持续不断的循环式迭代升级。

（五）破题大城市中心城区气象服务“一个痛点”

上海市气象部门已与中心城区的杨浦、徐汇、静安等区建立了气象服务与灾害防御管理工作机制，系统嵌入城市运行管理平台，建立了气象业务服务岗位与城市运行指挥岗位联动工作机制，通过项目形式保障了面向中心城区精细化气象服务的业务维持和人员经费投入，为大城市中心城区无气象机构问题开出了“破解药方”。

三、城市治理与智慧气象的优劣势分析

让城市更聪明一些、更智慧一些，是推动城市治理体系和治理能力现代化的必由之路。上海市通过建立智慧气象赋能城市治理“54321”的工作体系，推动了城市气象保障手段、保障模式、保障理念的创新，率先构建了智慧气象保障经济治理、社会治理、城市治理统筹推进和有机衔接的服务体系，有力提高了城市化精细治理气象服务的能力和水平。通过几年的创新实践探索，进一步清晰了气象保障城市精细化治理的机遇和挑战、优势和劣势。

（一）从外部机会分析，存在“四个新机遇”

一是新要求。党中央高度重视城市治理，并呈现城市治理向城市群一体化治理发展的趋势。80％以上的经济总量产生于城市，60％以上的人口生活在城市。大力发展城市气象服务规划，是气象部门新时期贯彻落实党中央要求，服务最广大人民群众的“大场要点”。

二是新需求。城市治理对气象服务的需求呈爆发式增长。新场景、新应用层出不穷，城市治理将成为未来气象服务需求最旺盛的领域之一。

三是新机遇。城市治理为气象提升监测精密、预报精准、服务精细的能力和水平提供基础。数据融合为专业气象发展提供数据基础；新基建为新观测提供基础；新技术为气象科技发展提供基础。

四是新趋势。在城市精细化治理方面，我国目前呈现出从城市治理向城市群治理拓展的趋势。探索城市精细化治理智慧气象保障，是推动气象高质量发展的“先手棋”。

（二）从外部风险分析，存在“三个效应”

一是主体淡化效应。各级政府和部门主动应用气象的主体意识不

强，应用水平不高。这种“主体淡化效应”是导致气象服务效果不能被充分发挥的重要原因。

二是效益沉默效应。气象融入城市治理后的“效益沉默效应”导致气象部门面临直接显示度不高的风险。

三是不确定性放大效应。这是指气象完全嵌入城市治理大体系，气象预报不确定性导致治理措施失误存在“放大效应”。

（三）从气象部门内部优势分析，存在“三大优势”

一是基础数据优势。气象部门大数据、信息化基础坚实。

二是业务体系优势。气象部门观测、预报、服务、科技的全体系业务和全周期服务的能力优势突出。

三是部门体制优势。气象部门上下贯通、左右联合的体制优势鲜明。

（四）从气象部门内部劣势分析，存在“两个现象”

一是气象业务服务机制“内卷化”现象。现有的气象业务服务机制呈现出气象人才用气象观测数据、预报技术解决气象业务服务问题的“内卷化”特征。但上海在实践中发现，城市精细化治理必备的大数据分析、人工智能、物联网、数字孪生等新技术，恰恰是目前气象业务服务所缺乏的。这种现象不利于充分挖掘城市治理需求、拓展新技术应用能力，亟待引入新技术人才，发展新技术业务，从人才和业务技术层面建立“开放式”的气象业务服务体系。

二是城市治理需求与气象服务存在“逐级倒挂”现象。国家级、省级、地市和县级气象部门存在气象供给能力“逐级递弱”的问题。与之相反，城市治理对气象服务需求的丰富、直接、急迫程度则呈现“逐级递增”的态势。这种倒挂的矛盾亟待通过建立逐级赋能的机制来解决。

四、发展智慧气象保障城市精细化治理的政策建议

（一）出台智慧气象保障城市精细化治理政策和标准

习近平总书记指出：“推进国家治理体系和治理能力现代化，必须抓

好城市治理体系和治理能力现代化。”为贯彻落实“以人民为中心”的发展理念，全力以赴做好“完善城市化战略”气象服务，建议中国气象局与住房和城乡建设部共同出台智慧气象保障城市精细化治理的政策文件，增加气象服务国家治理重要领域的政策供给，丰富新基建内容，引导城市建设升级。同时，建议中国气象局加快建立城市化治理气象保障标准体系：一是建立健全与城市特点相适应的智慧气象保障城市精细化管理标准体系，规范智慧气象服务的具体范围、职责、流程、标准和法律责任等，为基于气象的城市精细化管理提供标尺和依据；二是依托国家和地方气象标准化委员会，针对高速公路、轨道交通、高层建筑等气象高敏感高影响行业，制定气象观测标准；三是围绕城市移动终端、城市传感器广泛利用的需要，制定城市社会化气象观测标准；四是围绕智慧气象插件的广泛应用，制定智慧气象服务城市精细化管理的服务标准；五是围绕智慧气象在城市管理中的应用，制定各行各业基于气象的城市精细化管理标准。

(二)把智慧气象保障城市精细化治理纳入“十四五”气象发展规划

党的十九届五中全会明确提出，要推进以人为核心的新型城镇化、实施城市更新行动、提高城市治理水平，这是以习近平同志为核心的党中央站在全面建设社会主义现代化国家的战略高度，深刻把握新时代新阶段我国新型城镇化发展规律，准确研判我国城市发展新形势，着眼于到2035年基本实现新型城镇化作出的重大决策部署，为“十四五”及至今后一个时期做好城市工作明确了任务，也为加强气象服务保障城市治理指明了方向。“十四五”时期，推进城市生态修复和功能完善工程，统筹城市规划、建设、管理，增强城市防洪排涝能力，建设海绵城市、韧性城市，加强特大城市治理中的风险防控，建设现代化都市圈，这一系列有关城市化发展的任务举措，无不彰显着精细化的气象服务保障的巨大需求。建议把“气象服务积极融入城市更新行动、智慧气象保障城市精细化治理”等纳入“十四五”气象发展规划中，明确城市气象服务的目标任务，为我国建设宜居城市、绿色城市、韧性城市、智慧城市、人文城市，不断提升城市人居环境质量、人民生活质量、城市竞争力，贡献更大气象力量。

(三)建设"大平台、大中台、小前台"城市气象服务业务新架构

1. 面向城市治理创新需求,打造智慧气象开放创新"大平台"

一是以气象大数据开放为基础,依托国有气象服务龙头企业实施运营,吸引新技术研究机构、新业态头部企业、气象服务用户、社会气象服务主体和全国气象部门积极参与,形成以气象大数据为基础、以需求为导向、以技术和产品为核心、以资产和成果转化为纽带的实体化气象服务技术研发创新平台。二是平台通过铺设气象服务"技术超市"、气象服务"产品货架"等赋能端口,为气象部门和社会气象服务主体提供需求明确、技术先进、产品完善的气象技术创新服务。三是依托开放式气象服务技术创新平台建设,同步打造具有国际竞争力的国有气象服务龙头企业及其企业集群,实现远洋导航等气象服务真正具有的自主知识产权和较强的市场整合能力,切实解除国内部分涉及国家安全和国计民生的专业气象服务市场被美国等国外企业垄断的风险,实现气象服务走出国门,全面保障"一带一路"和参与全球气象服务市场竞争。四是解决气象业务服务机制"内卷化"现象。

2. 建立智慧气象服务业务基础性"大中台"

依托国家级业务单位建设全国各级气象部门管用、爱用的气象服务数据中台、算法中台和业务中台。提炼城市精细化治理气象服务业务需求,打造组件化产品,构建专业算法模型,搭建"算法工厂"和"产品超市",以接口的形式提供给前台各业务单位(即省、市、县三级气象部门)使用,实现国家级业务单位对一线气象部门的快速有效赋能。依托"天擎"、气象大数据应用创新平台等作为"后台",进行各种数据的收集、清洗、转换、存储、分析,通过人工智能、机器学习的算法模型对数据进行分析和决策,为中台提供数据生产资料。

3. 建立智慧气象服务前端的赋能应用"小前台"

地市级一线气象部门"小前台"的服务需求可通过在丰富灵活的"大中台"中的搜索、共享组建、数据技术等模块来实现业务技术的支撑,提高

“小前台”提供产品的标准化和科技含量水平。通过气象插件赋能各级政府和城市治理部门。充分发挥外部门对气象产品用得着、用得好、用得主动的积极性。建立气象服务效益评估业务，将沉默的效益数据化、显性化。

（四）建立国际超大城市气象服务试点项目

争取国际超大城市气象服务试点项目。延续世界气象组织城市天气和气候服务综合示范项目，深化落实全球气候服务框架（GFCS）在城市的实施示范，积极争取并促成世界气象组织设立国际超大城市气象服务试点项目，发挥上海等超大城市智慧气象保障城市治理的窗口作用。在国际大城市气象服务试点项目的基础上，探索建立国际大城市气象服务联盟，搭建智慧气象保障城市精细化治理技术的国际合作交流与研究平台，为世界提供智慧气象保障城市精细化治理的“中国方案”。

（来源：《咨询报告》2020 年第 6 期）

加快远洋气象导航服务发展的对策建议*

摘要：远洋气象导航是船舶精细化管理必不可少的高科技手段，开展远洋气象导航服务不仅关系到船舶安全、经济效益，还关涉国家安全。但当前，我国远洋船舶大多购买国外气象导航公司的服务，对国家商业、技术机密甚至国家安全造成潜在威胁。加快发展远洋气象导航服务、早日实现远洋气象导航服务自主化势在必行。为此，上海市气象局会同中国远洋气象导航服务联盟成员、中国气象局气象发展与规划院等，系统梳理远洋气象导航的发展需求，分析国内远洋气象导航业务现状，指出气象业务体系、核心技术能力、服务市场机制存在的问题，建议完善远洋导航服务的海洋气象业务体系，加强远洋气象导航服务技术融合研究，充分发挥中国远洋气象导航服务联盟作用。

我国既是世界第一大货物贸易国，也是航运大国，超过 90%的外贸货物通过海上运输完成，远洋航运是实现货物贸易最主要的手段。远洋气象导航是远洋船舶安全、经济航行的重要保障。作为船舶精细化管理必不可少的高科技手段，远洋气象导航根据未来一段时间的气象水文条件，结合船舶技术性能和营运需求，为远洋船舶推荐最佳的航行路线，并提供船舶跟踪、航次评估分析、航速和燃料消耗索赔等服务。但当前，我国远洋船舶大多购买国外气象导航公司的服务，对国家商业、技术机密甚至国家安全造成潜在威胁。因此，加快发展我国自主产权的远洋气象导航服

---

* 执笔人：杨捷　张剑雷　刘皓波　林霖

务、提高我国远洋气象导航服务国际竞争力，对于保障海洋强国建设、服务国家海上运输与外贸安全、维护国内航运企业利益意义重大、影响深远。

一、远洋气象导航特点与需求

(一)远洋气象导航的特点

远洋气象导航技术属于非传统海洋气象服务。远洋气象导航服务需要及时获取水文气象、海洋地理、通航限制等基础信息，关键核心技术在于能够对特定类型、吨位船舶在不同装载条件下和不同风浪流场中的安全性与经济性进行评估，并采用动态模拟算法，为船舶灵活制定随环境任务或目标变化的航行方案。除航路优化设计与航行方案调整外，远洋气象导航技术还必须依据国际海事判例或海商法规定，正确解读各类租船运输合同条款，并甄别与计算损失责任归属，同时还要考虑船舶挂靠港口的排队状况、货物受载期、载重线以及沿途港口燃料价格等各种因素的影响。因此，远洋气象导航技术并非传统意义上的海洋气象服务或航线天气预报，而是具有较高专业性和理论性的跨学科技术成果的应用，也是船舶智能航行必须解决的关键性问题。

(二)远洋气象导航的发展需求

一是远洋气象导航服务需要全球气象和海洋数据。开展远洋气象导航业务需要能够覆盖全球航线的水文、气象实况观测数据，全球主要预报机构的数值水文、天气预报，涵盖全球热带气旋、浮冰、冰山路径、浓雾等灾害性海洋天气预警，以及全球气候历史数据等(详见附录)。另外，还需要航路地理信息、船舶动态识别信息、通航限制信息、船舶技术参数、积配载状况、维修保养与安全检查记录等数据。

二是远洋气象导航需要采取企业为主体的市场化服务模式。远洋气象导航是一项具有较大责任风险的高科技服务，任何与承租双方有利益关系的单位，其公正性都会受到质疑，因此适合由第三方商业机构完成，国际上的普遍做法是由有限责任公司提供服务，避免政府机构承担无限责任。

三是远洋气象导航需要建立全程伴随的国际化服务模式。由于远洋船舶航线遍及全球，为提供及时有效的服务，气象导航公司必须安排全年无休的 24 小时值班服务。这种工作方式需要建立一支高水平、专业化的服务团队，保障多源数据供给，为船舶所有人、租船人、业务操作者、货主或船舶代理人等客户开发满足其个性化需要的服务模块系统和船舶终端。鉴于远洋气象导航沟通通畅性和业务合法性的需要，服务人员必须对《中华人民共和国海商法》有关规定和最新国际判例有充分了解并熟练掌握英文沟通技巧。

二、国内远洋气象导航业务现状

（一）全球气象观测对远洋气象导航支持情况

国家气象信息中心、国家卫星气象中心、中国气象局气象探测中心等单位，通过气象部门海洋气象观测站网、国家海洋信息中心共享交换、世界气象组织（WMO）全球数据交换、多双边共享遥感与海洋资料、互联网海洋数据元数据，建立海－陆－空－天立体观测资料库。研发全球卫星拼图、现场观测实况等海洋气象监测产品，为远洋气象导航服务提供实时数据支持。收集整合多来源海洋数据，建立海洋资料实时质控业务，保障观测数据质量。建立三维大气实况分析产品和海洋气象长序列数据集，为航线规划及技术研究提供支持。

（二）全球大气和海洋预报对远洋气象导航支持情况

国家气象中心建立了完整的台风、海雾、海上大风、海浪等海洋数值预报系统。其中，全球 0.1°分辨率海洋环流数值预报系统目前可以提供 120 小时全球范围的高分辨率海洋环境预报产品，包括三维温度、盐度、流速流向、海表面高度、海冰密集度和海冰厚度等。

上海市气象局组织研发全球风浪数值预报系统模式 WaveWatch Ⅲ。

其中，西北太平洋风浪数值预报系统分辨率达 0.1°×0.1°，精细化风浪数值预报系统近岸重点海域空间分辨率最高可达 20 米。组织研发影响船舶航行安全的高风险因子算法和产品集，其海洋气象传真图产品已投入业务化运行。华东高分辨率区域模式支持预报区域可移动扩展，可为远洋气象导航提供精细化的全球“跟随”服务。

天津市气象局建立黄渤海及西北太平洋海洋气象网格预报，研发基于风云四号气象卫星多通道扫描成像辐射计数据、风云三号气象卫星微波成像仪数据的黄渤海及北极海冰反演算法，实现海冰实时反演，以及海温、海雾、黄渤海沿岸及海上 380 个点位的温湿廓线反演产品的业务应用。

广东省气象局研发了海雾模式解析应用、激光测雾雷达图像推导和摄像头图像识别等技术。

（三）远洋气象导航服务情况

国家气象中心初步建成船端、岸端、手机应用、问海网等几大平台，以及集远洋导航多源数据、航线模型与算法、岸基远洋气象导航决策支持、船舶信息预警、智能发布服务等于一体的船舶气象导航系统。其中，问海网服务 300 多家企业及近 3000 位个人用户。自主研发的全球船舶气象导航技术 CMRC 保障了多艘远洋航次，及时推送海流流向、流速、风浪、涌浪、海温、10 米风、能见度等预报数据。2020 年，气象远洋导航业务全面开展有偿服务，全年共服务 921 个航次，最高月服务船舶数超百条。

上海市气象局初步形成以优尼迈特公司为“前店”、自身组建的海洋气象创新团队为“后厂”的业务架构。优尼迈特公司拥有具备自主知识产权的船舶跟踪与航路规划系统、远洋气象预报制作系统、船舶气象导航算法，以及航次评估报告的自动制作技术，是国内唯一同时具备上述各项技术的气象导航服务供应商。优尼迈特公司已为招商局、中远海、中交建等大型央企和希腊、摩纳哥等国家的知名船东提供了超过 500 航次的远洋气象导航服务与合同索赔核算服务，客户航线遍及太平洋、印度洋和大西洋，船型涉及 40 万吨 Valemax 散矿船、16000TEU 大型集装箱船等多种载重船舶，并为中国海军第 32 批护航编队提供全程气象导航服务，赢得客户高度评价，获得科技部“科技助力经济 2020”重点专项资助。

中国远洋气象导航服务联盟（以下简称“联盟”）于 2020 年 12 月成立。由上海市气象局牵头，会同相关国家级业务单位，以及全国沿海省（自治区、直辖市）气象局和计划单列市气象局联合组建，以期更加有效整合资源，促进远洋气象导航服务发展。

三、存在的问题

（一）支撑远洋气象导航的海洋气象业务体系不健全

全球观测数据不足严重制约了远洋气象导航业务能力的提升。由于我国在远洋船舶观测、远洋气象观测浮标等方面起步较晚，尚未形成覆盖全球的海洋气象观测站网，导致观测资料有限，难以对海洋气象相关数值模式进行对比验证和优化升级。此外，全球海洋气象预报科技业务对远洋气象导航业务支撑作用不足。国、省两级气象部门在海洋气象模式产品研发、导航算法研究以及服务业务等方面还未形成支撑远洋气象导航的系统、技术、产品合力。

（二）远洋气象导航核心技术能力不足

远洋气象导航的数值预报产品和技术存在被国外气象机构“卡脖子”现象。现有远洋气象导航系统使用的全球数值天气预报产品仍以美国和欧洲气象机构的产品为主，产品和技术受制于人的风险不容忽视。同时，远洋气象导航服务技术储备不足，气象部门缺少对远洋气象导航所需核心技术的科研支持。

（三）远洋气象导航服务市场开拓机制尚未形成

目前，国内气象导航市场长期被美日欧等国家和地区的公司垄断，如日本 Weather News Inc、美国 Weather Route Inc 和 Applied Weather Technology 等。在此情况下，气象部门尚未建立远洋气象导航服务市场开拓机制，相关技术科技成果转化受限，远洋气象导航服务自主知识产权严重不足，竞争性市场条件亟待建立。

四、政策建议

(一)强化全球观测、预报和服务业务融合，完善支撑远洋气象导航服务的海洋气象业务体系

建立远洋气象服务需求牵引业务发展和能力建设的业务体系架构，国家级业务单位加强全球气象监测数据支持和预报技术支撑，联盟发挥市场化服务需求对接作用，共同促进服务需求侧和产品供给侧双向发力推动的业务服务体系。建议综合观测司、预报与网络司、科技与气候变化司、应急减灾与公共服务司等职能司加强协同指导。

充分利用海洋二期工程建设，补远洋船舶观测、远洋气象观测浮标建设等方面的短板，建立共建共享共用的全球海洋气象观测站网，为海洋气象相关数值模式验证和优化升级提供基础支撑。建议国家级业务单位联合天津海洋中心气象台、上海海洋中心气象台、南海海洋气象预报中心加强对沿海省份海洋气象业务指导，开发需求适配的海洋气象技术与产品中台，集约开发典型服务场景影响预报核心算法，形成远洋气象导航服务技术合力。

(二)强化气象和航运技术融合，加强远洋气象导航服务技术融合研究与应用

充分利用气象部门现有研发基础，加大交叉融合技术的研发支持力度。上海市气象局和大连海事大学正谋划组建“远洋导航技术研发联合实验室”，拟对船舶气象导航中存在的技术瓶颈联合攻关，包括建设全球海区海洋气象数据产品集、研发全球及重点海区海洋气象数值预报产品、研发基于模式释用及偏差客观订正的海域网格化预报产品和重点港口预报生成技术、研发全球海区气象风险指数算法和预警产品、研发世界主要贸易航线(“一带一路”)气象风险指数产品、研发船舶气象站与气象导航服务一体化终端等。

(三)强化业务服务机制与市场服务机制融合，充分发挥联盟作用

建议针对远洋气象导航服务多场景特征，建立业务服务和市场服务

各有侧重、各司其职的工作机制。面向国家重大战略保障需求，由国家级业务单位负责完善业务体系；面向航运企业等市场需求，由联盟成员和远洋气象导航公司提供服务。

联盟作为开放性组织，拟积极发挥5个方面的作用。

一是为国家和省远洋气象导航服务提供技术交流、企业推介平台。吸纳中远海科、上港集团等大型港航运营企业加入，深化联盟成员间的合作，为全球海洋观测提供更加丰富的数据来源和技术研发支撑。主动加入全国海洋联盟等更大平台，增强联盟在远洋运输业的影响，促进气象部门远洋气象服务科技创新成果转化运用。

二是充分发挥联盟“智库”作用。建立专家委员会，针对远洋气象导航服务关键领域问题开展更加深入的软科学研究，为气象部门重要部署提供决策支持。

三是对接长江流域气象服务联盟。与长江流域气象服务联盟建立常态化沟通联动机制，探索推进江海联运的服务范式，促进数据、技术、平台的共享共用。

四是建立市场联合拓展机制。整合技术资源，发挥联盟间的服务优势，尽快打开国内市场，共同开拓国外市场，共同投入、共享利益、共同发展。

五是打响中国远洋气象导航服务品牌。建立“企业需求引导—联合实验室技术研发—国家级行业技术标准制定”的产学研＋服务应用新模式，早日实现关键核心技术自主可控，提升远洋气象导航服务软实力，有效应对国外导航公司垄断冲击，提升中国远洋气象导航服务竞争力。

附录　远洋气象导航业务所需全球大气海洋数据清单

附录　远洋气象导航业务所需全球大气海洋数据清单

<table>
<tr><td colspan="3">(1)预报数据的具体指标</td></tr>
<tr><td>覆盖范围</td><td colspan="2">全球(需要涵盖包括北极航线在内的南北极区)</td></tr>
<tr><td>覆盖精度</td><td colspan="2">全球尺度(0.125°)+全球近岸尺度(50 米)</td></tr>
<tr><td>预报时长</td><td colspan="2">0～72 小时,每 3 小时/72～240 小时,每 6 小时/240～384 小时,每 12 小时/384～720 小时,每 24 小时</td></tr>
<tr><td>更新频率</td><td colspan="2">每 3 小时更新一次数据</td></tr>
<tr><td>类别</td><td>要素</td><td>详细说明</td></tr>
<tr><td rowspan="8">全球气象数值预报</td><td>气压</td><td>海平面 10 米、500 米及 1000 米</td></tr>
<tr><td>真风</td><td>海平面 10 米风场,U、V 值</td></tr>
<tr><td>阵风</td><td>海平面 10 米风场,U、V 值</td></tr>
<tr><td>能见度</td><td></td></tr>
<tr><td>气温</td><td></td></tr>
<tr><td>降水</td><td></td></tr>
<tr><td>相对湿度</td><td></td></tr>
<tr><td>云量</td><td></td></tr>
<tr><td rowspan="6">全球海洋数值预报</td><td>风浪</td><td>方向、高度、周期</td></tr>
<tr><td>主涌浪</td><td>方向、高度、周期</td></tr>
<tr><td>次涌浪</td><td>方向、高度、周期</td></tr>
<tr><td>耦合浪</td><td>方向、高度、周期</td></tr>
<tr><td>海流</td><td>U、V 值</td></tr>
<tr><td>水温</td><td>表层</td></tr>
</table>

<table>
<tr><td colspan="3">（2）预警数据的具体指标</td></tr>
<tr><td>覆盖范围</td><td colspan="2">全球</td></tr>
<tr><td>更新频率</td><td colspan="2">每1小时更新一次数据</td></tr>
<tr><td>类别</td><td>要素</td><td>详细说明</td></tr>
<tr><td rowspan="6">预警数据</td><td>热带气旋</td><td>实时路径</td></tr>
<tr><td>海啸</td><td></td></tr>
<tr><td>风暴潮</td><td></td></tr>
<tr><td>冰山路径预警</td><td></td></tr>
<tr><td>浮冰预警</td><td></td></tr>
<tr><td>海上浓雾预警</td><td></td></tr>
</table>

<table>
<tr><td colspan="3">（3）历史数据的具体指标</td></tr>
<tr><td>覆盖范围</td><td colspan="2">全球</td></tr>
<tr><td>覆盖精度</td><td colspan="2">全球尺度（0.125°）</td></tr>
<tr><td>类别</td><td>要素</td><td>详细说明</td></tr>
<tr><td rowspan="2">历史数据</td><td>气象历史</td><td>30年</td></tr>
<tr><td>海况历史</td><td>30年</td></tr>
</table>

<table>
<tr><td colspan="3">（4）实况数据的具体指标</td></tr>
<tr><td>覆盖范围</td><td colspan="2">全球</td></tr>
<tr><td>更新频率</td><td colspan="2">实时更新</td></tr>
<tr><td>类别</td><td>要素</td><td>详细说明</td></tr>
<tr><td rowspan="3">实况数据</td><td>全球港口潮汐</td><td></td></tr>
<tr><td>全球卫星遥感</td><td>逐小时更新，可见光、红外、近红外波段，包括海冰覆盖实况</td></tr>
<tr><td>全球实况观测</td><td>海岛站，浮标站，志愿观测船（VOS）</td></tr>
</table>

（来源：《咨询报告》2021年第1期）

风速预报准确率对风能经济损失的影响及相关对策建议*

摘要：实现“双碳”目标对我国能源结构改革提出硬性要求，风电在保障国家能源安全和温室气体减排方面发挥着重要作用。为科学评估风速预报准确率提高对减少风电损失的影响，中国气象局气象发展与规划院联合北京城市气象研究院开展了相关研究。研究表明，在现有预报业务 2.5 m/s① 风速预报误差水平基础上，风速预报误差减少 0.5 m/s，全国范围内每年将挽回风能经济损失 232.5 亿元。研究还从强化数值模式自主研发、优化观测站网布局、增强新技术应用、促进风能气象行业聚力发展 4 个方面，对加强风能气象服务提出建议。

准确的风速预报是风功率预报的前提，风速预报误差直接导致风功率预报产生误差。提高风速预报准确率有利于电网调度机构提前分析风电场发电功率，促进风电场与电力系统协调运行，实现电力供需平衡。

一、风速预报直接影响风能经济

中国风电发展前景广阔，2021 年底中国风电并网装机容量达 3.00 亿千瓦，位居世界第一，占全国电源总装机比例的 13%。在实现“碳达峰、碳中和”目标进程中，中国将逐步构建以新能源为主体的新型电力系统。根

* 执笔人：朱永昶　许智棋　郭淑颖　李文婧　李萍

① 对全国风能预报业务初步调研发现，目前风能预报产品风速预报均方根误差在 2～3 m/s，本研究选取中位数 2.5 m/s 作为全国风速预报误差平均水平。

据相关研究，2060 年中国风电装机容量将达 20.07 亿千瓦，年发电量约为 3.85 万亿千瓦时，风电在电力生产结构中的比重预计将达到 44%。

风速波动导致风电场输出功率具有随机性、波动性和间歇性特点，风速预报准确率不足造成风电场输出功率预报不足，进而产生额外的电力损耗和经济损失。在这种情况下，电网调度控制中心需合理预留旋转备用容量，以确保电网系统安全稳定运行。风速预报误差越小，预留满足运营需求的旋转备用容量就越少，经济成本就相应降低。

二、提高风速预报准确率将产生巨大效益

本研究首创风速预报误差对风电经济损失影响数学模型（详见附录），定量化评估风速预报误差造成的经济损失，并通过桂林某风电场 2021 年全年实测及预报数据验证模型准确性。该模型弥补了风速预报对风能经济影响量化方面的研究空白，并获得了南方电网、金风集团以及华中科技大学相关研究团队的认可。该模型构建的主要思路如下：

（一）明确风速预报误差与风功率误差的关系

风机在风速大于切入风速时开始发电，之后风机功率随风速增大而增大，在达到额定风速后风机保持额定功率状态直至风速达到切出风速后关闭。本研究基于风速预报与风功率之间的函数关系，将预报风速分为切入风速以下、切入至额定风速之间、额定至切出风速之间、切出风速以上 4 段，计算预报风速处于不同风速段时风功率误差的概率值，以此量化风速预报误差对风电场输出功率的影响。

（二）引入电力系统旋转备用模型，计算风电—火电联合发电系统运行成本

电网系统需要根据预报的发电和用电功率安排风电、光伏、水电、火电等渠道的供电比例。由于预报存在误差，在风电—火电联合发电系统中，当预报风电功率较小或者实际用电功率较大时，将提高火电发电功率，以满足用电需求，反之亦然。但火电机组发电功率存在上、下限，提高

或降低功率的速度也有限制，这就要求火电厂开火电机不能过多也不能过少。为优化电网调度，研究人员提出了旋转备用模型，使得在火电机组运行限制基础上发电综合成本最小。

发电的综合成本主要由火电机组发电所需耗煤量、火电机组预留旋转备用容量所需成本，以及发电方案造成的发电过多或过少带来的经济损失组成。此外，火电机组平稳运行也受到正在运行的火电机组总功率上、下限及其10分钟之内能提高或降低的总功率限制。引入该模型，可计算风功率预报误差所引起的风电—火电联合发电系统经济损失。

（三）将预报风速误差与风功率误差的关系代入旋转备用模型中，构建基于风速预报误差的风力发电经济成本数学模型

电网系统原有的旋转备用模型以预报风功率的固定比例作为风功率误差，进而计算风电所需的旋转备用容量，但是由于风功率函数的构成，预报风功率误差分布并不对称，这无疑会导致计算所得的旋转备用容量过多或过少，进而导致发电综合成本增加。

与原有的旋转备用模型相比，本报告提出的模型其优势在于：从引起风能经济损失及额外二氧化碳的根源——风速预报误差出发，在电网系统所构建旋转储备模型仅考虑风功率误差而未考虑风速误差的基础上，更加定量、科学地计算旋转备用容量，充分考虑风速预报误差对风电—火电联合发电系统综合成本的影响。

基于上述数学模型单点计算结果，本研究结合全国2021年风电发电量及电负荷总额进行单点外推，计算得出在现有风能预报业务2.5 m/s风速预报误差水平上，风速预报误差减少0.5 m/s，全国范围内每年将挽回风能经济损失232.5亿元。

三、加强风能气象服务的相关建议

（一）提高我国风能数值预报技术的自主性

我国初代风能预报产品风速预报误差约为0.63 m/s、均方根误差约

为 2.5 m/s，丹麦轮毂高度风速预报误差约为 0.45 m/s、均方根误差约为 2.08 m/s，我国与国外先进产品存在较大差距。2022 年 3 月，中国气象局风能太阳能中心联合北京城市气象研究院基于睿图预报系统，首次发布二代风能数值预报产品，经样本对比，二代预报产品准确率有较大提高，但仍以欧洲中期天气预报中心发布的预报数据作为模式初始场，并未实现完全自主。而 CMA 数值预报模式虽是我国自主研发，但并未发布风能预报。为此，建议中国气象局数值预报中心、风能太阳能中心、气象科学研究院及北京城市气象研究院加强联合攻关，在睿图风光数值预报模式的基础上，加强关键核心技术的自主研发和现有科技成果的转化应用，将系统初始数据等关键技术建立在有自主知识产权的数值模式基础上，大力提高风能数值预报的自主可控性。

（二）在风资源富集区域加密布设观测站网

目前，在风能气象服务业务中，百米铁塔实测风速数据缺乏且获取不易，对风能预报产品的评估大多只能借用新能源厂商的观测数据。由于风机的削弱效应，新能源厂商所提供的风速数据质量需要进一步验证。百米风速是边界层内的气象要素，主要受湍流影响，目前风廓线雷达对边界层内观测缺乏，而观测数据同化资料缺乏又制约了数值模式风速预报准确率的提高。为此，建议在风资源富集区域，针对风场相关气象要素加密布设观测站网，开展对 100～300 米高度风的观测，强化风廓线雷达对边界层内的观测。同时加强多源数据资料同化应用，加强与风电企业数据共享，结合陆面模式强化对遥感资料的应用等。

（三）增强大数据和人工智能等新技术应用

尽管二代风能数值预报系统促进了风能预报技术的提高，但由于数值预报存在不确定性，单纯依靠优化数值预报，还难以突破风能预报技术的瓶颈。而大数据及人工智能技术应用是进一步提高风能预报准确率的必要手段。中国电科院、阿里达摩院均已采用人工智能（AI）算法预测风电场风速及发电功率，其中阿里达摩院采用 AI 算法提高了复杂山地风电场20%的预报水平。为此,建议将机器学习、大数据建模等技术运用于短期风速预测,提高针对风电运营商的风速预报精准度。气象部门已有研究人员采用随机森林、深度学习等AI算法订正数值天气预报风速,提高风能预报准确率,其研究方法可在普适性被验证的前提下进一步推广应用。

(四)促进风能气象行业聚力发展

目前,我国风能资源气象服务机构众多,但相互之间关系松散、各自为政,缺乏统一的行业组织,联合研发能力弱,标准体系不健全,导致我国风能资源气象服务水平整体不高,外国公司占据较大市场份额。建议由中国气象局牵头成立风能气象服务协会或者联盟,制定行业发展规则,并建立相关专家委员会,为风电气象业务发展提供战略决策建议。建议由中国气象局牵头,联合相关高校、科研机构,以及电网运营企业等成立联合实验室,开展关键问题联合攻关。加快构建风能气象业务技术标准体系,对资源观测、数据使用、预报产品、服务流程等进行规范和统一。构建中国气象局风能资源气象业务服务平台,将业务领域向海上风电、高空风电等拓展,实现风能气象行业聚力发展、快速发展。

附录 风速预报误差对风电经济影响模型

附录　风速预报误差对风电经济影响模型

一、风速与风功率的关系

风力发电机在风速大于切入风速时开始发电，之后风机功率随风速增大而增大，在达到额定风速后风机保持额定功率状态直至风速达到切出风速后关闭。风速与风力发电机功率间的关系如公式(1)所示。

$$P(v)=\begin{cases}0 & 0\leqslant v<v_{cut\text{-}in}\\ \dfrac{1}{2}C_pA\rho\, v^3 & v_{cut\text{-}in}\leqslant v<v_{rated}\\ \dfrac{1}{2}C_pA\rho\, v_{rated}^3 & v_{rated}\leqslant v<v_{cut\text{-}out}\\ 0 & v>v_{cut\text{-}out}\end{cases}\tag{1}$$

式中，C_p、A 和 ρ 分别为风能转化率、风轮扫掠面积和空气密度，在某风场相对固定。$v_{cut\text{-}in}$、v_{rated} 和 $v_{cut\text{-}out}$ 分别为切入风速、额定风速和切出风速。需要指出的是，本研究构建的模型为理论模型，计算结果与实际风速误差导致的风功率误差有一定差别。

二、预报风速误差与风功率误差的关系

预报风速为实际风速及其误差之和。预报风速误差可采用均值为 μ、标准差为 σ 的正态分布表示（公式(2)），其概率密度函数为公式(3)。

$$v_{error}\sim N(\mu,\sigma^2)\tag{2}$$

$$f(v_{error})=\frac{1}{\sqrt{2\pi}\,\sigma}e^{-\frac{(v_{error}-\mu)^2}{2\sigma^2}}\tag{3}$$

式中，v_{error} 为预报风速误差。

为满足用电需求，电力系统调度部门应根据日前天气预报提前调整风电、光伏、水电、火电等渠道的供电比例，并依据预报误差预留旋转备用。

风速误差与风功率损失关系如公式(4)所示。

$$P_{error}=\begin{cases}P_{error\_a} & 0\leqslant v_{forecast}<v_{cut\text{-}in}\\ P_{error\_b} & v_{cut\text{-}in}\leqslant v_{forecast}<v_{rated}\\ P_{error\_c} & v_{rated}\leqslant v_{forecast}<v_{cut\text{-}out}\\ P_{error\_d} & v_{forecast}>v_{cut\text{-}out}\end{cases} \tag{4}$$

式中，P_{error_a}、P_{error_b}、P_{error_c}和P_{error_d}分别为预报风速低于切入风速、切入风速与额定风速之间、额定风速与切出风速之间、切出风速以上这些情况下的功率误差。

（一）预报风速低于切入风速时的功率误差

预报风速低于切入风速时的功率误差采用公式(5)计算。

$$\begin{gathered}E_{l1a}=C\int_{v_{cut\text{-}in}-v_{forecast}}^{v_{rated}-v_{forecast}}f(v_{error})(0-v_{observe}^3)\mathrm{d}v_{error}\\ E_{l2a}=C\int_{v_{rated}-v_{forecast}}^{v_{cut\text{-}out}-v_{forecast}}f(v_{error})(0-v_{rated}^3)\mathrm{d}v_{error}\\ P_{error\_a}=E_{l1a}+E_{l2a}\end{gathered} \tag{5}$$

式中，$v_{forecast}$为预报风速，E_{l1a}为实际风速在切入风速和额定风速之间的风功率误差，E_{l2a}为实际风速在额定风速和切出风速之间的风功率误差，因此，P_{error_a}为预报风速低于切入风速时的功率误差。

（二）预报风速位于切入风速与额定风速之间时的功率误差

预报风速位于切入风速与额定风速之间时的功率误差采用公式(6)计算。

$$E_{l1b}=C\int_{0}^{v_{rated}-v_{forecast}}f(v_{error})(v_{forecast}^3-v_{observe}^3)\mathrm{d}v_{error}$$

$$E_{l2b}=C\int_{v_{rated}-v_{forecast}}^{v_{cut-out}-v_{forecast}}f(v_{error})(v_{rated}^3-v_{observe}^3)\mathrm{d}v_{error}$$

$$E_{l3b}=C\int_{v_{cut-out}-v_{forecast}}^{+\infty}f(v_{error})(v_{forecast}^3-0)\mathrm{d}v_{error}$$

$$E_{s1b}=C\int_{v_{cut-in}-v_{forecast}}^{0}f(v_{error})(v_{forecast}^3-v_{observe}^3)\mathrm{d}v_{error}$$

$$E_{s2b} = C\int_{-v_{forecast}}^{v_{cut-in}-v_{forecast}} f(v_{error})(v_{forecast}^3 - 0)\mathrm{d}v_{error} \tag{6}$$

$$P_{error\_b} = E_{l1b} + E_{l2b} + E_{l3b} + E_{s1b} + E_{s2b}$$

式中，E_{l1b}为实际风速在预报风速和额定风速之间的风功率误差，E_{l2b}为实际风速在额定风速和切出风速之间的风功率误差，E_{l3b}和E_{s2b}分别为实际风速位于切出风速以上和切入风速以下的风功率误差，E_{s1b}为实际风速在预报风速和切入风速之间的风功率误差，因此，P_{error_b}为预报风速在切入风速和额定风速之间的功率误差。

（三）预报风速位于额定风速与切出风速之间时的功率误差

预报风速位于额定风速与切出风速之间时的功率误差采用公式(7)计算。

$$\begin{aligned}
E_{l1c} &= C\int_{0}^{v_{cut-out}-v_{forecast}} f(v_{error})(v_{rated}^3 - v_{rated}^3)\mathrm{d}v_{error} \\
E_{l2c} &= C\int_{v_{cut-out}-v_{forecast}}^{+\infty} f(v_{error})(v_{rated}^3 - 0)\mathrm{d}v_{error} \\
E_{s1c} &= C\int_{v_{rated}-v_{forecast}}^{0} f(v_{error})(v_{rated}^3 - v_{rated}^3)\mathrm{d}v_{error} = 0 \\
E_{s2c} &= C\int_{v_{cut-in}-v_{forecast}}^{v_{rated}-v_{forecast}} f(v_{error})(v_{rated}^3 - v_{observe}^3)\mathrm{d}v_{error} \\
E_{s3c} &= C\int_{-v_{forecast}}^{v_{cut-in}-v_{forecast}} f(v_{error})(v_{rated}^3 - 0)\mathrm{d}v_{error}
\end{aligned} \tag{7}$$

$$P_{error\_c} = E_{l1c} + E_{l2c} + E_{s1c} + E_{s2c} + E_{s3c}$$

式中，E_{l1c}为实际风速大于预报风速但小于切出风速的风功率误差，E_{l2c}和E_{s3c}分别为实际风速在切出风速以上和切入风速以下的风功率误差，E_{s1c}为实际风速位于额定风速和预报风速之间的功率误差，E_{s2c}为实际风速在切入风速和额定风速之间的功率误差，因此，P_{error_c}为预报风速在额定风速和切出风速之间的功率误差。

（四）预报风速位于切出风速以上时的功率误差

预报风速位于切出风速以上时的功率误差采用公式(8)计算。

$$E_{s1d} = C\int_{v_{rated}-v_{forecast}}^{v_{cut\text{-}out}-v_{forecast}} f(v_{error})(0 - v_{rated}^3)\mathrm{d}v_{error}$$
$$E_{s2d} = C\int_{v_{cut\text{-}in}-v_{forecast}}^{v_{rated}-v_{forecast}} f(v_{error})(0 - v_{observe}^3)\mathrm{d}v_{error} \qquad (8)$$
$$P_{error\_d} = E_{s1d} + E_{s2d}$$

式中，E_{s1d}为实际风速在额定风速和切出风速之间的风功率误差，E_{s2d}为实际风速在切入风速和额定风速之间的风功率误差，因此，P_{error_d}为预报风速位于切出风速以上的功率误差。

图 1 表明模型模拟与实际的功率误差高度相关，相关系数可达 0.83。这说明该模型基于预报风速及其误差的概率分布，可以很好地模拟出预测风功率误差。

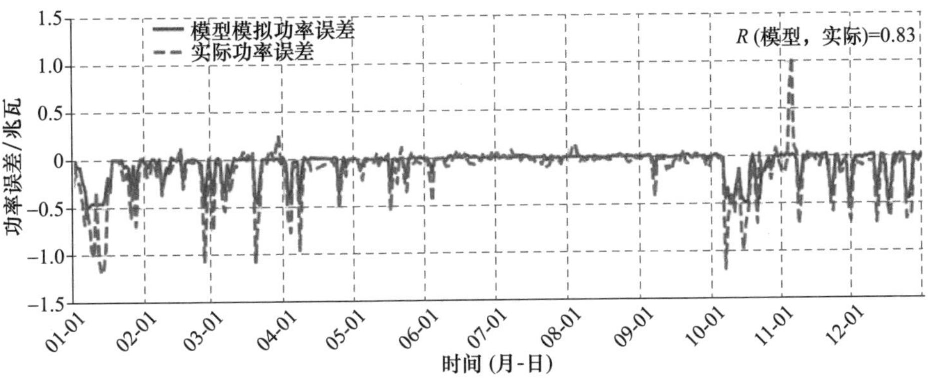

注：时间间隔为15分钟。R为两者的相关系数。

图 1　模型模拟功率误差（实线）和实际功率误差（虚线）的时间序列模型

图 2 展示了预报风速误差的标准差与该风力发电机 15 分钟绝对风功率误差的关系。随着风速误差标准差的增加，预报风功率误差也会上升。这种显著的正相关关系说明了预报风速误差对风功率误差的重要影响。

三、电源机组的旋转储存优化模型

在制定风电—火电联合发电的旋转备用日调度计划时，应主要考虑

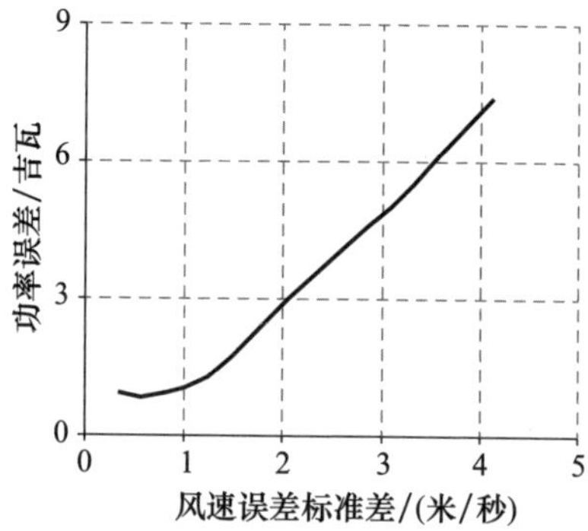

图 2　风速误差标准差与 15 分钟绝对功率误差的关系

煤炭消耗总成本、旋转备用成本和旋转备用策略风险。

（一）总成本目标函数

总成本目标函数由公式(9)计算。

$$\min F = F_1 + F_2 + F_3 \tag{9}$$

式中，F_1、F_2和F_3分别为煤炭消耗总成本、旋转备用成本和旋转备用策略风险。

煤炭消耗总成本由公式(10)计算。

$$F_1 = \sum_{t=1}^{T} (\sum_{n=1}^{N} a_n P_n^2(t) + b_n P_n(t) + c_n) \tag{10}$$

式中，a_n、b_n和c_n为火电机组 n 的煤耗成本系数，$P_n(t)$为 t 时段火电机组 n 的发电量。

旋转备用成本由公式(11)计算。

$$F_2 = \sum_{t=1}^{T} (k_{up}(t) SR_{up}(t) + k_{down}(t) SR_{down}(t)) \tag{11}$$

式中，$k_{up}(t)$和$k_{down}(t)$为 t 期间向上和向下的旋转备用费用，$SR_{up}(t)$和$SR_{down}(t)$为 t 期间向上和向下的旋转备用容量。

旋转备用策略风险由公式(12)计算。

$$\begin{aligned} f_{wc} &= \sum_{t=1}^{T} (\rho_{wc} (\left| \sum_{w=1}^{W} P_w^E(t) \right| + P_i^E(t) - SR_{up}(t))) \\ f_{ls} &= \sum_{t=1}^{T} (\rho_{ls} (\left| \sum_{w=1}^{W} P_w^E(t) \right| + P_i^E(t) - SR_{down}(t))) \end{aligned} \tag{12}$$

$$F_3 = f_{wc} + f_{ls}$$

式中，f_{wc}和f_{ls}分别为因弃风和荷载损失而产生的预期成本，ρ_{wc}和ρ_{ls}为响应的惩罚系数，$P_i^E(t)$为t时段预报电负荷误差，$P_w^E(t)$为风机w在t时段的预报风功率误差，由公式(1)至(8)计算而来。

(二)系统及火电厂运行约束

风电—火电联合发电的旋转备用还受到系统运行和火电机组特性的限制，比如功率平衡、火电厂出力以及旋转备用约束。

功率平衡约束由公式(13)定义。

$$\sum_{w=1}^{W} P_w(t) + \sum_{n=1}^{N} P_n(t) = \sum_{i=1}^{I} P_i(t) \tag{13}$$

式中，$P_w(t)$、$P_n(t)$和$P_i(t)$分别为风机w、火电机组n和电负荷i在t时段的实际功率。

火电厂出力约束由公式(14)、(15)定义。

$$P_n^{\min} \leqslant P_n(t) \leqslant P_n^{\max} \tag{14}$$

$$\begin{cases} P_n(t+1) - P_n(t) \leqslant P_n^{up} \\ P_n(t) - P_n(t+1) \leqslant P_n^{down} \end{cases} \tag{15}$$

式中，P_n^{min}和P_n^{max}分别为火电机组n的最小和最大发电功率限制，P_n^{up}和P_n^{down}为火电机组n的爬坡和滑坡功率。

旋转备用约束由公式(16)、(17)定义。

$$SR_{up}(t) = \sum_{n=1}^{N} SR_{n,up}(t) \leqslant \min\left(P_n^{\max} - P_n(t), P_n^{up}\, t_0\right) \tag{16}$$

$$SR_{down}(t) = \sum_{n=1}^{N} SR_{n,down}(t) \leqslant \min\left(P_n(t) - P_n^{\min}, P_n^{down}\, t_0\right) \tag{17}$$

式中，$SR_{n,up}(t)$和$SR_{n,down}(t)$分别为火电机组n在t时段内t_0(10分钟)响应的上行和下行旋转储备。

四、经济损失核算

以IEEE10机39节点系统为例，设30节点为风电场，其余电源皆为火电机组。风速数据采用桂林风电场预报风速冬季平均值，日负荷量为

sin 函数生成的曲线，小时平均负荷量为 5195.5 兆瓦，风电发电功率为 408.25 兆瓦，计算可得风电渗透率约为 7.85%，基本符合我国风电 2021 年的发展水平（图 3）。

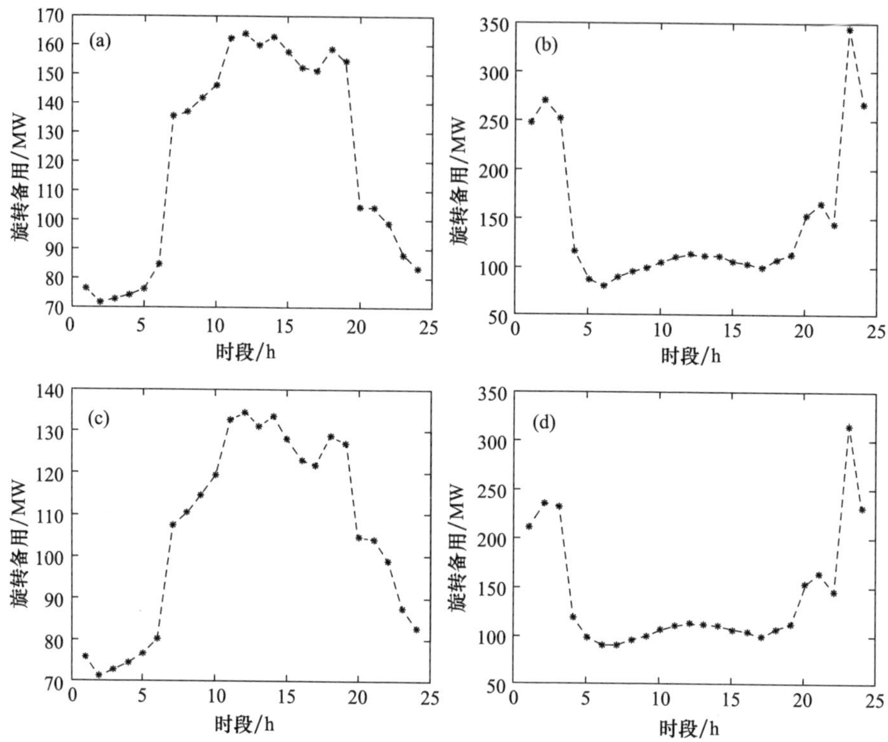

图 3　IEEE10 机 39 节点系统，风速误差标准差分别为 2.5 m/s（a、b）及 2 m/s（c、d）的向上（a、c）、向下（b、d）旋转备用

中国气象局风能太阳能资源中心预报产品风速预报误差为 2.5 m/s，综合成本为 3703.4 万元。当风速预报误差降低至 2 m/s 时，综合成本为 3668.7 万元，较风速预报误差 2.5 m/s 可节省 34.7 万元。全国 2021 年用电量为 83128 亿千瓦时，通过单点外推，当风速预报误差降低 0.5 m/s 时，全国范围内每年将挽回风能经济损失约 232.5 亿元。

（来源：《咨询报告》2022 年第 5 期）

气象预报准确率对农业经济效益的影响评估*

摘要：气象预报准确率在农业生产各环节发挥着至关重要的作用。为科学评估气象预报准确率提高对农业经济效益的影响，中国气象局气象发展与规划院运用国际通用的计量经济学评估方法，开展了气象预报准确率提高对农业经济效益的定量研究。研究表明，气象预报准确率与粮食产量、第一产业增加值之间存在显著的正向关系，气象预报准确率每提高1%，粮食总产量会增加0.34%、第一产业增加值会提高0.66%，按照2021年粮食总产量和第一产业增加值测算，会增加232万吨粮食产量，会增加572亿元左右的收益。2008—2019年这12年间，气象预报准确率提高对第一产业增加值达到3326亿元（消除价格影响，按实际第一产业增加值测算）。

充分考虑气象预报和气象服务对农业经济效益的影响，课题组进一步采用WTP住户调查法对农业经济效益进行估算，结果表明，在气象预报的基础上开展农业气象服务，每年产生的经济效益在1028亿～2266亿元。

粮食安全已成为国家安全战略的重要组成部分，气象预报能力的提高对农业生产、储运等各环节有重要影响。2021年，世界银行根据国际最新研究结果，公开发布了《地基气象观测数据的价值报告》（以下简称《报告》）。《报告》指出，天气预报产生的经济社会效益最低估值为0.185%、

* 执笔人：申丹娜　张小锋　郭转转　唐伟　赵晓凤

天气预报每年可产生价值1620亿美元的全球效益。《报告》特别指出，目前世界各国中有5%～10%的农产品损失与天气变化有关，由于气象预报的作用，可以将这一损失减少到10%～30%，每年为农业带来的潜在效益为330亿美元。

目前，我国在气象预报准确率与农业经济效益的研究方面，定量化研究还较少。因此，本研究通过计量经济学方法和WTP住户调查法，实证分析气象预报和预报服务对农业经济效益的影响，提出客观化、定量化的评估数据。

一、基于多元回归方法定量测算，气象预报准确率每提高1%，粮食总产量会增加0.34%、第一产业增加值会提高0.66%

多元回归法是经济学中衡量两个变量间动态关系的常用方法，国际气象学界也广泛使用这一方法评估气象预报的社会经济效益。例如在世界银行报告中引用的气象经济效益评估数据，均是通过多元回归方法计算获得。本课题也采用多元回归法分析我国气象预报对农业经济效益的影响。

在构建回归模型过程中，中国气象局气象发展与规划院与中国科学院大学管理学院，人民大学农业与农村发展学院、经济学院广泛合作，积极听取部门内外专家意见，经过反复讨论和论证，最终形成如下模型：

$$
\begin{aligned}
y_{it} = & \beta_0 + \beta_1 \ln accurate_{it} + \beta_2 \ln fertile_{it} + \beta_3 \ln pgdp_{it} \\
& + \beta_4 \ln edu_{it} + \beta_5 \ln precipitation_{it} + \beta_6 \ln satisfication_{it} \\
& + \beta_7 \ln decision\_making\_service_{it} + \mu_t + v_t + \varepsilon_{it}
\end{aligned}
$$

式中，i为省份，t为时间。(1) y_{it}为第i个省份第t年的粮食产量$grain_{it}$（第i个省份第t年的第一产业增加值$firstins_{it}$）。(2) $accurate_{it}$为第i个省份第t年的预报准确率，考虑到对农作物生长而言，需要更长时间尺度的预报，选取1～5天的降水预报、气温预报，以及月降水和月平均气温预报代表预报准确率。根据农户和专家调研（319个样本量）得出各投入指标的权重，最终得到气象预报准确率。(3)其余指标为一系列控制变量，分别选取与农作物生长和第一产业经济产出等密切相关的指标，主要包括：化肥施用量（*fertile*）、人均 GDP（*pgdp*）、受教育程度（*edu*）、降水实况（*precipitation*）等气象要素、公众气象服务满意度（*satisfication*）和决策服务（*decision making service*）（表 1）。为消除时间和地域差异，增加 μ_i 和 v_t 以固定省份和时间效应。

表 1　气象预报准确率农业经济效益评估指标选取情况

<table>
<tr><th>产出指标</th><th colspan="2">投入指标</th><th>控制变量</th></tr>
<tr><td rowspan="6">粮食产量和
第一产业增加值</td><td rowspan="2">降水预报</td><td>未来 1～5 天晴雨预报</td><td>化肥施用量</td></tr>
<tr><td>月降水量距平</td><td>人均 GDP</td></tr>
<tr><td rowspan="4">温度预报</td><td>未来 1～5 天最低气温预报</td><td>受教育程度</td></tr>
<tr><td>未来 1～5 天最高气温预报</td><td>降水等气象要素</td></tr>
<tr><td rowspan="2">月平均气温预报</td><td>公众气象服务满意度</td></tr>
<tr><td>决策服务</td></tr>
</table>

基于数据可得性，选取 2008—2019 年的数据进行测算。结果表明，气象预报准确率与粮食产量、第一产业增加值之间存在显著的正向关系，气象预报准确率每提高 1%，粮食总产量会增加 0.34%、第一产业增加值会提高 0.66%，按 2021 年粮食总产量和第一产业增加值测算，会增加 232 万吨粮食产量，第一产业会增加 572 亿元左右的收益。2008—2019 年这 12 年间，气象预报准确率提高对第一产业增加值达到 3326 亿元（消除价格影响，按实际第一产业增加值测算）。

二、基于 WTP 方法估算，气象预报服务平均每年为农业带来的经济收益在 1028 亿～2266 亿元

WTP① 住户调查法是在公益性服务或公益性设施效益评估中广泛应用的方法，为国际上所认可。课题组在征求有关管理职能部门、农业专家的基础上设计了 WTP 问卷，获取农业专家及农业种植大户的支付意愿期

① WTP：Willingness-to-Pay，即意愿支付法，个体为了获得某些商品、服务或者为避免预期损失而愿意支付的最大金额。

望和减损估计，最终得出气象预报服务的总体经济效益。

截至2022年7月1日，共收回5807份有效问卷，调查涉及31个省（自治区、直辖市）、1750多个县，调查对象中一线农业生产者占比为57.17%、农业专家和为农服务人员占比为43.83%，种植作物主要以玉米、小麦、水稻、油菜和大豆等为主。

调查结果显示，80%的受访者（主要为农业种植大户）愿意拿出每亩①地0.25%的收入购买专业气象服务，支付意愿均值为每年121.20元，月均10元，平均每亩农田可增加或挽回粮食达65.9～115.9千克，占平均单产的18.2%～32.0%。进一步根据支付意愿法和节省费用法计算得出，在农业生产者获得气象信息并采取措施后，其总体经济效益在1028亿～2266亿元（表2）。

表2 气象预报服务农业经济效益国内外对比

	国外研究主要结论	本研究主要结论
粮食产量	气象预报的应用可增加约1/3的产量收益[1)]	气象预报准确率每提高1%，粮食总产量会增加0.34%
减少损失	世界各国中有5%～10%的农产品损失与天气变化有关，由于气象预报的作用可以将这一损失减少到10%～30%[2)]	平均每亩农田可增加或挽回粮食损失占平均单产的18.2%～32.0%
总体经济效益	全球每年为农业带来的潜在效益为2102亿元[2)]	气象预报准确率每提高1%，第一产业增加值会提高0.66%，会增加572亿元左右的收益； WTP方法估算气象预报服务效益为1028亿～2266亿元

数据来源：1）国际学术期刊《气候风险管理》（Climate Risk Management）；2）世界银行报告。

三、关于气象预报服务效益评估工作的建议

本研究是采用国际通用的效益评估方法评估农业经济效益的一项尝

① 1亩≈666.67平方米。

试。通过上述两种不同方法，本研究基本能客观估算出气象预报服务的农业经济效益。在下一步研究中，将继续优化改进模型，对其他天气敏感行业，如交通、能源、金融等进行定量评估。基于本研究，提出如下工作建议：一是高度重视气象预报服务效益评估工作，气象预报服务效益评估工作是展示气象事业高质量发展成效的重要方面；二是建立常态化评估机制，明确评估主体，强化评估的科学性和系统性，建立数据统计报送制度，出台效益评估工作规程和工作方案；三是定期发布气象服务经济社会效益评估报告。

（来源：《咨询报告》2022 年第 7 期）

流域气象服务高质量发展存在的问题及对策建议*

摘要:2016 年 9 月,《长江经济带发展规划纲要》正式印发,随后,中共中央、国务院又印发了《淮河生态经济带发展规划》《黄河流域生态保护和高质量发展规划纲要》。国家"江河战略"正式确立,开创了流域系统治理、综合治理、源头治理、依法治理的新模式。本文系统梳理了当前流域气象服务的新要求、新机遇,剖析了当前流域气象服务中普遍存在的问题,并且从顶层规划设计、体制机制建设、流域气象职能优化完善、业务技术体系建设以及支撑保障体系建设 5 个方面提出流域气象服务高质量发展的对策建议。

2005 年,淮河流域气象中心成立,随后黄河、海河、长江、珠江、松花江、辽河、太湖流域气象中心相继成立,流域气象与流域水利、水文的联系更加紧密,流域气象服务业务技术体系不断完善,流域气象服务能力显著提升,为流域防灾减灾、水资源利用、黄金水道交通运输保障提供了坚实基础。新发展阶段,面对流域经济高质量发展、生态文明建设、防灾减灾救灾,流域气象服务需求日益增大,现行气象服务运行机制亟须完善,从而加快推进流域气象服务高质量发展。

* 执笔人:胡雯　张晓红　江春　段春锋

一、新发展阶段对流域气象服务提出了新要求

(一)气候变化背景下流域防灾减灾对流域气象服务提出新需求

气候变化正在加剧水循环,给一些地区带来更强的降雨和洪水,但对许多地区来说则意味着更严重的干旱。气候变化导致的极端天气事件不断增加,这也是流域生态保护、经济带发展无法回避的现实。流域是气候变化反应最为明显的自然单元,流域大洪水、干旱等极端天气、气候事件影响着流域安全,因此流域防汛抗旱、应对气候变化、防灾减灾气象保障服务的需求将越来越迫切。

(二)流域生态保护对流域气象服务提出新需求

"江河战略"实施首要问题就是处理好生态保护和经济发展的关系。例如黄河流域,其中上游大部分地区在 400 毫米降水线西侧,中游大部分地区属于农牧交错带,生态十分脆弱,流域生态环境、抗旱防洪防凌、调水控沙、生物多样性保护、"地上悬河"等多种问题交织,需要对气候变化及影响进行预估,并依据气候规律科学施策,做到统筹治理、精准治理。长江经济带面临的经济发展与生态环境保护的矛盾也比较突出,主要表现在长江水质和生物多样性受到严重威胁,亟须追根溯源、分类施策。气象服务也要直面长江经济带发展的矛盾,亟须在水生态的监测、评估,以及水污染溯源等方面增强气象保障服务能力。

(三)流域经济带高质量发展对流域气象服务提出新需求

流域已经成为我国经济、社会发展的载体,开展避害趋利流域气象服务也是当前流域发展衍生出的新需求。长江经济带经济规模占全国的"半壁江山",黄河流域涵盖省份经济规模占全国的 1/4 左右,流域已成为我国重要的经济带和推进高质量发展的主力军。中国自古"以水定城",沿流域分布的"水、路、港、岸、产、城"是我国经济发展的命脉,因此,一方面,流域经济带发展安全保障,特别是流域的黄金水道、城市群、产业集群等都需要越来越专业化、个性化、精细化、智慧化的气象服务作保障;另一

方面，对气候资源的挖掘、利用也能够为流域绿色发展提供动能，如绿色能源开发、生态宜居气候评估、气候康养资源的利用等，都能为流域绿色经济、生态产业的发展增添新的活力。

（四）流域协调机构的完善和数字孪生流域的建设对流域气象服务提出新需求

水利部提出推进智慧水利体系、数字孪生流域建设，积极探索构建水利数字孪生应用场景，推动构建水利“2＋N”智能业务应用体系，提升仿真、分析、预警、调度、决策和管理支撑能力。此外，国家高度重视流域发展，不断强化流域统一规划、统一治理、统一调度、统一管理。在流域层次，在已有流域管理机构的基础上，采取行政分权改革，除成立流域水利委员会外，组建了流域资源与环境保护综合管理机构，进一步解决流域工作中存在的职责交叉重复、多头管理、力量分散等问题。流域协调管理机构的改革和完善，以及数字孪生流域的建设，对流域气象服务在统筹协调和服务数字化、智慧化方面提出了具体要求，迫切需要加强流域气象服务机制建设，提升流域气象服务精细化水平。

二、当前流域气象服务存在的问题与不足

（一）流域气象机构的功能定位有待进一步完善

长期以来，流域防汛抗旱气象服务始终是流域气象中心的基本任务，但随着国家“江河战略”的实施，仅以资料汇集共享和防洪气象服务作为职能定位，已无法满足新形势下流域生态文明建设和经济高质量发展的需求。目前，各流域气象中心针对流域生态保护、环境治理等领域的气象服务刚刚起步，面向流域黄金水道、城市群等重点领域的气象服务体系尚不健全，流域气象服务的发展方向和功能定位需要进一步梳理。

（二）流域气象服务体制机制与服务需求不适应

目前，流域气象业务服务协调委员会负责流域各省（自治区、直辖市）间的统筹协调，流域气象中心负责流域气象服务牵头组织和技术支撑。

七大流域气象中心大多依托牵头省气象局组建，具体业务依托牵头省气象台，业务运行和管理相对松散，流域内组织和协调力度不够，难以形成流域内上下游左右岸干支流联动、协同保障的工作格局，导致流域内气象服务存在点、段、线、面不平衡的问题。此外，与所在流域水利委员会、资源与环境保护综合管理机构部门的合作也不够深入，需求对接、信息共享和应急联动机制有待深化。

（三）流域气象服务供给能力不足

一是现有的流域气象业务越来越难以满足精细化、数字化防洪减灾实际要求。新型探测装备在流域气象监测中的作用发挥不够。流域水文气象的模型模拟能力不足、支撑决策精准化程度不高、预警能力不足，特别是中小流域精细化面雨量预报、致洪暴雨预报能力不足。国家级、流域级、省级一体化业务流程尚不完善，流域水文气象服务数字化水平与智慧流域、数字孪生流域发展要求差距明显。二是面向流域生态保护和绿色发展的气象服务供给偏弱。流域生态建设、保护和修复气象服务保障体系不完善。对典型生态类型的垂直观测和遥感监测能力不足，现有生态气象监测数据的挖掘、应用能力不足。重大气象灾害和气候变化对水生态安全和流域生态的影响监测评估及预报预警能力不足。生态修复型人工影响天气潜力亟待进一步挖掘。三是应对流域气候变化服务存在短板。面向流域应对气候变化气象保障服务科技支撑不足，不同气候变化情景下流域生态安全风险评估服务有待进一步挖掘，重大气象灾害和气候变化对生态安全的影响监测评估及预报预警能力不够。温室气体监测与碳中和潜力评估业务开展尚不完备，助力碳中和目标实现的气象科技支撑能力不强。

（四）流域气象服务发展支撑不够

一是流域气象顶层设计有待加强。中国气象局已印发针对七大流域的能力提升工作方案，流域能力建设进入新阶段。但总体来说，针对流域气象服务高质量发展的前瞻性整体统筹谋划仍不能适应国家流域高质量发展的要求，特别是流域气象中心的定位、业务运行及协调机制等方面的顶层设计还需加强。二是缺乏流域科学试验和项目支撑。近年来，气候变化背景下流域能量循环与碳水循环变化方面的研究存在短板，跨学科、跨领域的流域致洪暴雨、中小河流洪水、山洪和地质灾害风险预估研究明显不足，面向流域经济高质量发展基础性、战略性、全局性的科学研究亟待加强。三是流域气象业务服务标准规范体系有待完善。虽然建立了流域面雨量监测预报、气象风险预警等基础业务规范，但总体来看，业务规范的完整性、约束力不够，流域气象相关国家标准、行业标准缺乏，制约了流域气象服务业务的拓展和推广。

三、加快流域气象服务高质量发展的对策与建议

针对以上存在的问题，要以贯彻习近平总书记关于气象工作的重要指示精神为指引，围绕国家“江河战略”，落实《气象高质量发展纲要（2022—2035 年）》，加快流域气象高质量发展。

（一）加强顶层设计，做好流域气象服务发展整体规划

从国家层面强化流域气象服务高质量发展的顶层设计，出台流域气象服务高质量发展的整体规划和各流域气象发展的专项规划，通过规划明确流域气象发展的重点方向、主要目标、组织机制和投入保障机制。依托规划谋划流域气象服务能力提升项目，将流域气象服务相关工作与区域一体化气象保障相关工作统筹考虑。

（二）找准定位，完善流域气象服务体制机制

聚焦流域气象中心服务组织、技术支撑、平台建设、统一标准、完善机制的职能定位，以“强实体、大网络”的流域气象服务组织思路，切实做强七大流域气象中心。完善机构设置，增强人员配置，强化流域防灾减灾和生态气象服务职能，设置水文气象及水环境、流域生态等气象业务服务岗位，配置 10～15 人。推动流域气象服务的事权、人权、财权相统一，给予基本业务运行、人员经费保障。建立流域气象中心与各省（自治区、直辖

市)气象局的业务协同、分工机制,明确跨县的流域气象服务由市级统筹、跨市的流域气象服务由省级统筹、跨省的流域气象服务由流域级统筹,明确流域内各单元气象保障责任单位,确保每条河流、每个湖泊“有人管、管得住、管得好”。强化上下游、左右岸、干支流天气联防、服务联动和信息共享,流域各省(自治区、直辖市)要将监测实况、预报预警和服务信息第一时间共享至流域气象中心。建立“流域+气象”融合发展机制,强化流域中心与水利、生态等流域管理机构的合作,加强流域智慧气象与智慧流域、数字孪生流域融合发展,提升流域在水环境、水生态及水行政管理方面的气象服务保障能力。

(三)拓展领域,建立适应高质量发展的流域气象服务格局

适应国家“江河战略”要求,充分发挥气象避害趋利作用,构建流域气象业务服务新格局。一要继续做好流域防汛抗旱气象保障服务,加强信息技术及观测、预报等前端产品在流域气象服务中的应用,扎实推进流域防灾减灾气象服务能力提升,不断提高精准度,延长预见期。二要围绕流域高质量发展需求拓展流域气象服务新领域,重点围绕流域生态保护、环境治理、绿色发展,发挥气象数据和监测预报技术优势,加强卫星遥感应用服务,加强应对气候变化、生态系统监测评估等各类科研成果的转化应用,推动流域气象业务服务格局由单一的水文气象业务服务向流域水生态、水环境及生态保护、绿色发展等多领域气象服务延展。

(四)提升能力,发展流域气象服务技术体系

一是以数字化场景、智慧化模拟、精准化决策为路径,建立数字流域气象服务技术体系。构建“智慧气象+数字孪生流域”气象服务新业态,建立多阶段渐进式预报预警体系,发展“多尺度—分布式—多层次”精细化动态流域降雨监测预报技术,适应流域数字化管理与智能决策的需求。二是发展生态气象服务技术体系。加强流域的水资源、水土流失、湿地修复、滩涂治理和矿区生态修复的气象影响评估与气象敏感分析;推进流域生态保护气象保障服务示范建设,强化生态补偿的气象服务支撑。三是发展专业气象服务技术体系。依据不同流域特点和区域发展布局，围绕区域交通、城市群建设等有针对性地发展航运、城市水文等气象服务技术，发展多种模式的专业气象服务。

（五）强化保障，支撑流域气象服务高质量发展

一是建立流域气象多元投入机制。探索分类管理、协调发展的新型流域气象服务保障运行机制。建立财政保障、政府购买、市场供给等多元化的流域气象经费保障体系，分流域谋划重点工程项目，争取经费投入。二是强化流域气象服务的人才保障。建立国家—流域气象中心和流域气象中心—省之间的业务人员客座交流机制。加强水文、生态等交叉学科人才的引进和培养，促进流域气象服务人才队伍的专业化、稳定化。积极争取流域所在地方的人才政策，激发人才创新活力。三是提升流域气象科技创新能力。组建多部门参与的流域气象服务创新团队，围绕重大研究方向和重点任务开展联合攻关，共同推进研究成果向业务和服务转化。联合流域各省（自治区、直辖市）、相关机构共同组建流域气象服务创新联盟，实施流域气象关键技术的研发。在国家层面建立流域气象重点实验室，实施流域气象核心技术攻关。推动设立国家级流域气象专项研发基金。谋划一批重大可研项目、试点示范项目，开展流域科学试验。四是完善流域气象的标准规范体系。增强流域气象标准规范的供给力度，从流域基本业务服务、核心技术、信息共享、联动协助机制等多方面综合谋划流域标准规范的建设框架，制定流域气象标准规范清单，将成熟的共性业务逐渐规范化，基础的业务技术逐渐标准化，逐步构建起流域气象标准规范化体系。

（来源：《咨询报告》2022 年第 9 期）

北上和深入内陆台风对我国的影响及应对建议*

摘要：本文对北上和深入内陆台风趋势及影响进行分析，结果表明，近年来，北上或深入内陆台风呈现数量多、停留时间长、覆盖范围广的态势，造成了严重人员伤亡和经济损失，影响着国家安全和重大战略实施。因此，必须高度重视北上和深入内陆台风对我国的影响，提升精密监测能力和精准预报能力，加强全周期全链条的气象服务和预警发布能力，注重对北上和深入内陆台风的灾害防御及水资源合理利用。

一、北上或深入内陆台风呈现数量多、停留时间长、覆盖范围广的态势

我国是受西北太平洋台风影响最严重的国家之一，近年来，北上和深入内陆台风①数量多、停留时间长、覆盖范围广。统计分析，2004—2022年，共有158个台风影响我国沿海或内陆地区，年均约8.3个，其中北上台风共计30个，平均每年至少1个台风北上，平均停留时长约56小时，且

* 执笔人：申丹娜　江涤非　张小锋　靳奎峰　王晴　赵新宇　冯裕健

① 北上台风通常是指在我国东南沿海登陆后向北移动进入华北、东北区域的台风，或者经东海、黄海北上，登陆或影响山东、华北、东北区域的台风，或是经过日本海从亚洲大陆东岸进入东北的台风。北上台风主要影响我国山东、北京、天津、河北、山西、内蒙古、辽宁、吉林、黑龙江等省（自治区、直辖市）（概念引自王达文的《北上热带气旋分析与预报》）。深入内陆台风通常指在我国东南或华南沿海登陆后，向西、西北或向北行进，影响我国华东、华中或西南内陆省份，如：安徽、江西、河南、湖北、湖南、贵州、云南等地区的台风。

近几年北上台风数量呈现较为明显的上升趋势(2014—2022 年这 9 年间有 16 个台风北上,2004—2013 年这 10 年间有 14 个台风北上);深入内陆台风共计 60 个,平均每年 3 个左右,平均停留时长约 44 小时(图 1)。从空间分布来看,受北上和深入内陆台风侵扰的地区主要包括华北、东北、华东、华中、西南等地区。

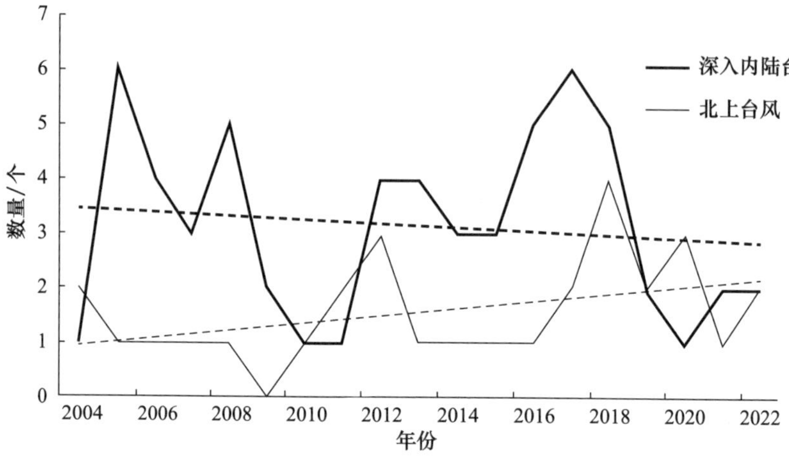

图 1　2004—2022 年北上和深入内陆台风数量年际变化

台风北上或深入内陆后,往往带来强降水并引发次生灾害。由于冷暖气流交汇及复杂地形作用,易引发高强度、大范围的降水,雨强时常超出沿海登陆期间,导致地势低洼的城镇、乡村发生较大规模的洪涝灾害,并伴有局部的山体滑坡、山洪和泥石流等次生灾害。例如,2019 年台风“利奇马”登陆浙江温岭后北上,再次登陆山东青岛,影响山东期间,日最大雨量和累计降雨量分别为 386 毫米和 488 毫米,青岛、日照、潍坊、临沂等多地发生洪涝。2023 年 7 月底至 8 月初,受北上台风“杜苏芮”影响,华北京津冀地区发生了超强降水,降水持续时长超过 72 小时;河北邢台市临城县梁家庄站累计降水量达 1003 毫米,超过了台风“杜苏芮”在浙江造成的 861 毫米最大降水量,是当地年平均降水量的两倍;另外,北京地区有两站累计降水量超过 700 毫米,远超 2012 年北京“7・21”特大暴雨极值(541 毫米);持续的暴雨引发北京和河北多地出现洪涝灾害及滑坡、泥石流等地质灾害。

二、北上及深入内陆台风造成的人员伤亡严重、经济损失惨重，影响国家安全和重大战略的实施

(一)台风北上或深入内陆后，造成的受灾人口多、人员伤亡严重

台风北上或进入内陆后，灾害主要以强降水形式呈现，加上内陆地区山脉丘壑众多，地势高低起伏繁杂多变，洪涝、滑坡、泥石流等次生灾害多发频发，群众防灾避险意识薄弱，应急自救能力不足，导致较大规模的人员受灾和伤亡。根据 2004—2022 年的资料，受北上台风影响，华东、华北、东北 19 年来共有 5838.9 万人受灾，72 人死亡；受深入内陆台风影响，华东、华中和西南内陆省份，如安徽、江西、湖北、湖南、河南、云南、贵州等，受灾人口总计 9797.9 万人，死亡 891 人。值得注意的是，山东、华北、东北的受灾人口呈现逐阶段波折增加的趋势(图 2)。

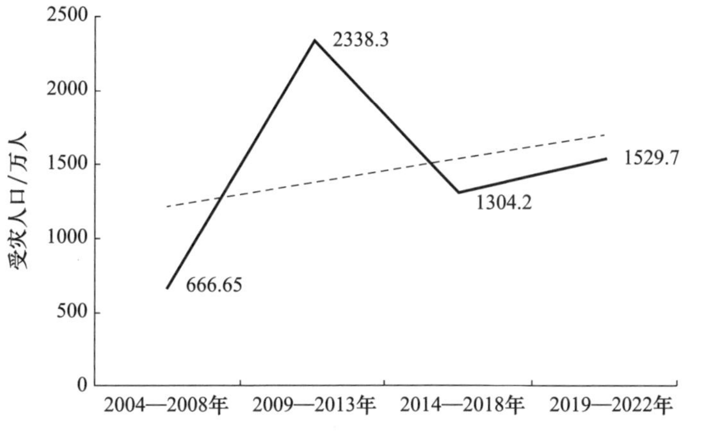

图 2　2004—2022 年山东、华北、东北受灾人口逐阶段变化趋势

2006 年 7 月，台风“碧利斯”登陆台湾后再次登陆福建，在其西行深入内陆的过程中，湖南省中南部发生了极为罕见的强降水，致使 930.04 万人受灾，东南山区出现严重的山洪泥石流，造成 526 人死亡。2018 年 8 月，台风“温比亚”在上海登陆，未造成人员伤亡，之后台风向北移动，影响

了安徽、山东、河南、河北、辽宁等地，造成 52 人死亡，1 人失踪。截至 2023 年 8 月 8 日，北上台风“杜苏芮”造成河北省 54 万余人受灾，9 人因灾死亡，6 人失踪，造成北京市 33 人因灾死亡，18 人失踪。

（二）台风北上或深入内陆后，造成的经济损失往往比较惨重

由于北部地区气象防灾减灾重点在防旱抗旱方面，受北上和深入内陆台风影响的地区其排水管网密度相较东南沿海地区较小①，造成暴雨排泄不畅，台风灾害承灾力低。台风影响期间，诱发的洪涝和地质灾害致使大面积农作物倒伏，农田淹没涝渍，损毁房屋，经济损失巨大。例如，2020 年台风“美莎克”登陆朝鲜半岛后继续北上，影响了吉林、黑龙江、辽宁、内蒙古 4 个省（自治区），在东北地区滞留 27 小时，风雨影响时长达 45 小时，造成 307.2 万公顷农田受灾，12.9 万公顷农田绝收，直接经济损失 129.3 亿元。2018 年，台风“温比亚”登陆上海后北上，致使山东 63.6 万公顷农田被毁，1.3 万余间房屋倒塌，经济损失高达 239.3 亿元，灾损远超上海和浙江。2005 年，台风“泰利”对内陆安徽、江西、湖北、河南产生较大影响，受灾农田面积高达 82 万公顷，损毁房屋 11.8 万间，直接经济损失 76.4 亿元。

总体来说，2004—2022 年，北上台风致使山东、华北和东北地区 1005.2 万公顷农田受灾，直接经济损失 1303 亿元，农作物受灾面积和直接经济损失均呈现逐阶段上升趋势（图 3）。受深入内陆台风影响，华东、华中和西南内陆地区受灾农田面积共计 544.7 万公顷，倒塌房屋 53 万余间，直接经济损失 824.5 亿元（图 4）。

（三）台风北上或深入内陆后，影响国家安全和重大战略实施

华北、东北是我国重要的小麦、水稻粮食产区，华东和华中是我国的水稻主产区，台风北上或深入内陆后造成农作物大面积受灾甚至绝收，对我国粮食安全造成较大威胁。华北、东北是“京津冀协同发展”“振兴东北

---

① 2021 年，华北、东北、华中、华东和西南内陆部分省份单位面积排水管道密度的平均值为 0.17 千米/千米²，东南沿海地区部分省份单位面积排水管道密度的平均值为 0.91 千米/千米²。

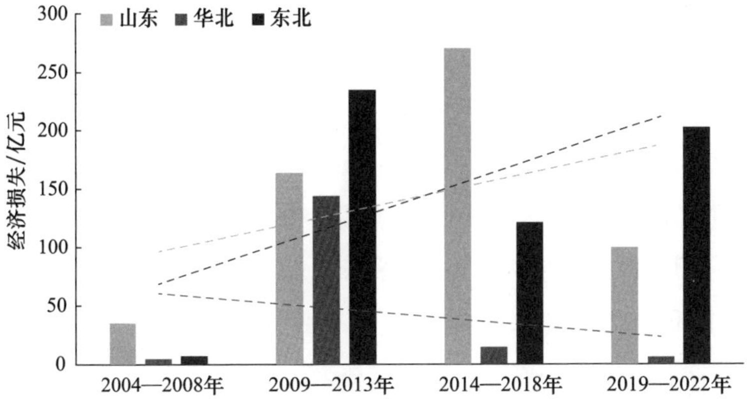

图 3　2004—2022 年山东、华北、东北直接经济损失逐阶段变化趋势

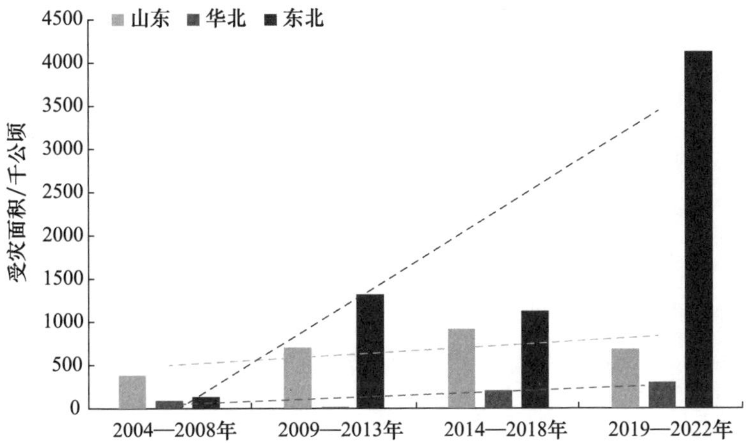

图 4　2004—2022 年山东、华北、东北农作物受灾面积逐阶段变化趋势

老工业基地”等国家重大战略的主阵地，台风北上带来的人员伤亡和经济损失会对华北、东北经济和产业有序发展产生一定的不利影响。山东、辽宁、天津等省（直辖市）核电站、港口、军事基地、石油储备基地等战略设施较多[①]，台风北上带来的暴雨、风暴潮对上述战略设施的安全也可能会造成不利影响。此外，湖北、湖南、江西、安徽、贵州、云南等省是“长江经济

① 主要包括天津港、徐大堡核电站、石岛湾核电站、葫芦岛军事基地、黄岛、大连国家石油储备基地等。

带”覆盖的重要地区，台风深入内陆带来的自然灾害会对国家重大战略的实施产生重要影响。

三、北上及深入内陆台风的应对策略及建议

在党和政府以人为本，把人民群众的生命安全放在防灾减灾首要位置的要求下，我国台风防御必须坚持综合防御、科学防御、有效防御的原则，从战略上重视北上和深入内陆台风对我国的影响。

（一）高度重视北上和深入内陆台风的影响及防范

上述研究表明，近些年北上和深入内陆台风所造成的损失大、范围广，各级政府要高度重视北上和深入内陆台风的影响和防范。台风北上或深入内陆，主要致灾因子是暴雨及其引发的洪涝与地质灾害，但是内陆多山地，暴雨洪水排泄能力远不如沿海顺畅，洪涝与地质灾害风险较高。因此，对于可能遭受北上和深入内陆台风严重影响的地区，应重点加强对台风北上带来的强降雨及次生灾害的防御。一是强化以气象灾害预警为先导的应急联动机制建设。健全以气象灾害预警为先导、具有政府法规约束性的部门联动响应机制，建立台风灾害防灾避险制度，发挥预警信息强制触发作用，实现高危预警信息由“消息树”向“发令枪”的转变。推动政府责任部门建立高级别气象预警信号“叫应”机制。二是健全防台减灾组织机制。推动省、市、县级和街道乡镇级落实“党委领导、政府主导、部门联动、社会参与”的气象防灾减灾机制，推动基层建立防灾避险制度，完善气象灾害风险转移制度。三是加强对各级地方政府领导干部的培训，提升领导干部的风险意识和底线思维，同时加强气象科普宣传，提高公众灾害防范意识。四是推动地方政府建立定期气象灾害风险普查和风险区划制度、气象灾害风险评估制度以及气象灾害防御重点单位管理制度。五是重视对北方地区、内陆地区主要江河流域防洪工程、重大工程项目、重要基础设施进行的气候可行性论证和承灾能力评估，开展重点地区、重大工程项目气象防灾减灾示范建设。

(二)提升北上和深入内陆台风的精密监测和精准预报能力

精密监测和精准预报是做好台风防灾减灾工作的前提。一是在现有监测站网的基础上,进一步优化气象灾害监测站网布局,加强山区、观测空白区、观测站稀疏区和人口稠密区的台风灾害天气监测能力,消除山区和边远地区观测盲区,提升监测密度。二是加大科技投入和协同攻关力度,重点对台风造成的暴雨、强对流天气的形成机理进行科学研究,组织专门力量对北上台风的路径、强度、非对称结构、与下垫面作用、登陆后风雨的特点以及与承灾体的叠加影响等科学问题进行深入研究。三是提高数值预报产品的综合应用与订正能力,特别是针对北上和深入内陆的台风,加速推动台风致灾因子、影响程度、次生灾害风险的定量化格点化预估能力,做好精准预报,建立相应的影响预报和风险预警业务。四是结合台风次生灾害的不同服务场景需求,实现面向不同场景的阈值告警,建立对应度高的风险点、隐患点、作业点的阈值指标,形成精细化风险预估产品。

(三)加强全周期全链条的气象服务和预警发布能力

由于北上和深入内陆台风具有生命周期长的特点,因此,应注重加强精细化气象服务能力,提升精准靶向预警发布和极端情况下"兜底式"全覆盖能力。一是深化与应急、水利、农业、交通、住建等部门在灾害风险监测、风险普查、数据共享等方面的合作机制。尽快建立台风全生命周期、全要素资料数据集,重点包含台风观测、预报、模式、科研等供给侧数据,以及承灾体信息、相关行业信息、经济社会信息、发布渠道信息、用户特征标签等需求侧数据,建立标准规范的气象服务数据产品一张图。二是建立覆盖"灾前、临灾、灾中、灾后"的全链条服务,根据台风灾害发展的不同阶段,按照不同需求供给预报预警服务产品,制定符合地区属性的递进式服务规范。三是提升台风风险预警"精准滴灌"能力,服务方式上实现从"人找信息"向"信息找人"转变,将当前"大水漫灌"的发布模式转变为靶向发布模式,实现分灾种、分时、分区、分众的精准靶向发布。四是建立台风灾害预警发布效果评估机制，结合复盘情况，不断完善气象灾害应急预案，形成“业务—服务—检验—反馈—改进”的良性循环。

(四)加强对北部和内陆地区台风的合理利用

台风带来灾害的同时也有其有利的一面。台风经过干旱地区时，其带来的丰沛降水可以有效缓解旱情、湿润气候、改善局地环境。因此，要根据天气变化，做好预报预警提前量；抓住有利时机，适时适度采取水库蓄水、土壤补水等措施；优化农业生产布局和种植结构，加强对农民的指导，帮助他们及时选育抗风、抗涝、抗病虫害、抗逆性强的优良品种适时播种。提升高品质气象服务供给能力，科学指导拦洪泄洪、利用雨水置换河道水体，从而更好地利用台风带来的淡水资源、风能资源等。

（来源：《咨询报告》2023 年第 3 期）

适应数字经济发展要求的气象数据高价值属性实现机制研究*

摘要：当前，全国各地逐步完善数据基础制度建设，加快推进数据要素市场化配置改革，不断释放数据要素价值。党中央、国务院明确要求研究建立气象等高价值数据资源有效流动的制度规范。中国气象局政策法规司组织气象发展与规划院课题组在总结更好发挥气象数据要素作用的探索实践基础上，深入分析构建气象数据基础制度存在的主要问题，提出推进气象数据要素市场化改革，激活气象数据要素市场潜能，建立完善气象数据产权制度、要素流通和交易制度、收益分配制度、安全治理制度等数据基础制度体系的对策建议。

党中央、国务院高度重视发挥数据要素价值。习近平总书记强调指出，要发挥数据的基础资源作用和创新引擎作用，加快形成以创新为主要引领和支撑的数字经济。深入贯彻落实《中共中央 国务院关于构建数据基础制度更好发挥数据要素作用的意见》的决策部署和《气象高质量发展纲要（2022—2035 年）》提出的"提高气象数据应用服务能力，制定气象数据产权保护政策，强化气象数据资源安全保障"重点任务，迫切需要气象部门适应数字经济发展要求，加强气象数据基础制度体系建设，统筹气象数据资源融合共享和开发利用，释放气象数据潜能，为构建新发展格局、做强做大做优我国数字经济、建设现代化经济体系、构筑国家竞争新优势

* 执笔人：张勇　刘厚堂　李栋　吕丽莉　杨林　张滨冰

提供有力的气象支撑。

一、建立适应数字经济发展要求的气象数据价值实现机制面临的问题

数据作为新型生产要素，与土地、劳动力、资本、技术并列，是数字经济时代的“新型能源”，已快速融入生产、分配、流通、消费和社会服务管理等各环节，深刻改变着生产方式、生活方式和社会治理方式。当前，全国各地正逐步完善数据基础制度建设，积极探索数据流通交易和开发利用模式，持续加速数据要素产业发展，不断释放数据要素价值。气象数据作为当今数字经济的关键资源之一，已经成为赋能经济社会高质量发展和国家治理的重要基础数据。气象数据是好用数据，是高价值数据。气象数据的高价值属性体现在其具有高标准化、高结构化、高空间分辨率、长时间序列“三高一长”的特点，具有无须复杂的数据清洗过程即可“到手即用”的特点，可高效便捷地配置到各行各业应用场景或直接参与数据要素流通交易。

近年来，气象部门出台了一系列气象数据相关的规制措施，并鼓励各地对气象数据共享开放、数据确权、交易流通等进行积极探索、先行先试，取得了一定成效。如贵州省气象局率先开展气象数据资产估值研究并加强数据流通管理，于 2022 年 4 月在贵阳大数据交易所正式上线首个官方数据专区——气象数据专区，为气象数据流通提供交易平台；联合普华永道·中国发布 3 本气象数据估值价值系列研究白皮书，深入研究定价估值在气象数据价值释放中的“度量衡”作用；出台《贵州省气象数据流通交易管理办法（试行）》，以规范内部气象数据对外流通交易行为；联合贵州省大数据发展管理局建立贵州气象大数据创新中心，为搭建气象数据产业生态提供载体。广东省气象局对接广东数字政府应用超市“粤复用”，通过建设气象服务中台体系，充分用好各地政府财政，挖掘气象数据资源价值。

气象数据分级分类流通交易在实践中不断探索规范，在试点上初见成效。但与激活释放气象数据要素高价值、构建气象数据流通交易体系、

赋能经济社会高质量发展和国家治理的更高要求相比，改革探索仍是初步的，遇到的问题众多、难点重重。

（一）气象数据产权制度不完善

在市场经济下，没有产权就没有交易，数据确权是数据流通交易的前提。近年来，全国各地在推进数据要素市场化配置改革实践中积极探索建立数据产权制度，建设数据确权、授权、流通交易平台，开展数据登记，发放数据资源持有权证书、数据加工使用权证书、数据产品经营权证书，构建数据运营组织，推动数据要素与生产力相适应，以创造出更大的价值。目前，气象部门在气象数据生产加工、共享服务等方面制定实施的一系列政策法规制度，几乎都未触碰“数据产权”问题，在气象数据生产、采集、持有、加工、使用等整个产业链上，参与者的数据权利不明晰，气象数据持有权、使用权、经营权的归属不明晰，数据确权的相关法律法规不健全，数据资产有效保护的规则体系和治理体系尚未建立。

（二）气象数据流通管理制度缺失

气象部门数据管理多侧重于业务数据质量和数据信息安全等方面，在推进数据分类分级确权、授权运营和市场化流通交易的制度方面欠缺，交易规则不明，对数据技术创新和数据产业化形成了阻碍。例如数据提供和使用、气象数据知识产权和市场交易、用户考核评价、监督惩罚等方面的规章制度及规范缺失，气象数据授权、溯源和认证体系还在探索建设中。同时，保障数据来源可确认、使用范围可界定、流通过程可追溯、安全风险可防范的流通交易技术体系尚不完善。

（三）收益分配和保障机制不健全

鉴于气象数据资源持有权、数据加工使用权、数据产品经营权三权分置的产权运行机制尚未建立，数据流通各环节权利界定不清，气象数据生命周期中所有参与者的利益分配则缺乏保障，收益分配和保障机制不健全，必然影响各方参与的积极性，将成为下一步开展授权运营和特许开发亟待解决的难题。同时，气象数据流通交易是深度融入国家数字经济战略的一项重要工作，气象部门与相关部委在数据管理治理协作中的边界和交叉范围还有待进一步明确。

（四）气象数字经济配套人才和生态薄弱

气象数据深度融入数字经济发展、数字中国建设，已不再是简单的气象技术问题，而是包罗政策、法规、经济、金融、会计、工商管理等多学科交叉的“政治经济学”问题。但是，气象部门以及现阶段产业主体中的大量人才都是以气象数据产品研发制作为主，气象数字经济生态中配套的机制和环境尚不足以吸引其他学科的高端人才进入。因此，在过去气象数据价值化的工作中，出现了大量用技术思维思考商业产业的问题，导致难以形成可持续、高质量、有的放矢、合情合规的气象数据商业运营体系。

二、探索建立适应数字经济发展要求的气象数据要素价值实现机制的对策建议

为进一步推进气象数据要素市场化改革，完善国家气象数据基础制度体系，激活气象数据要素市场潜能，提升气象数据要素对我国数字经济发展的贡献作用，提出以下建议。

（一）建立保障权益、合规使用的气象数据产权制度

气象数据产权制度是气象数据要素高价值最终实现的基础性保障制度。积极探索建立气象数据产权结构性分置制度，明确数据资源持有权，强化数据加工使用权，放活数据产品经营权，加快气象数据产权登记、授权运营、资产入表等制度体系建设，为推动气象数据有序流转、最终实现气象数据要素高价值提供制度保障。

1. 建立“三权分置”的气象数据产权制度

一是推动气象数据产权结构性分置，建立气象数据资源持有权、数据加工使用权、数据产品经营权“三权分置”的产权运行机制。二是地面、高空、空间观测等气象原始数据的资源持有权属于国家，气象主管机构依法履行对气象原始数据资源持有权、加工使用权、产品经营权的统筹管理职

责。三是各类反演、融合分析、再分析等气象产品数据,以及主客观预报、灾害风险预测预警等气象预报预测预警数据是原始数据的衍生数据,其资源持有权、加工使用权、产品经营权属于产品数据生成单位。四是结合用户需求生成的决策、专业服务产品等气象服务数据属于上述第二类与其他数据的融合衍生数据,其资源持有权、加工使用权、产品经营权属于服务数据生成单位。

2. 建立气象数据资产登记管理制度

一是建立数据来源、数据规模、服务行业、覆盖地区、时间跨度等气象数据资源基础台账,鉴定气象数据来源、持有、加工、使用等不同环节各参与方的合法权益,持续完善和更新公共气象数据目录,做到“一数一源”、动态更新和上链存证。二是支持各产品数据生成单位和服务数据生成单位在国家级或区域性数据交易机构开展气象数据资产登记。

3. 建立气象数据授权运营机制

一是按照有条件有偿使用的方式,根据气象事业公益性的定位,分类探索气象数据授权运营机制。被授权运营主体按照“原始数据不出域、数据可用不可见”的要求,以模型、核验等产品和服务,向社会提供有偿开发利用。二是加强气象数据授权运营管理。制定气象数据授权运营规则,规范气象数据授权条件、授权程序、授权范围,以及运营主体、运营模式、运营评价、收益分配、监督审计和退出情形等。三是气象数据实行全国集约经营。加强顶层设计,坚持市场化、法治化,充分发挥市场在资源配置中的决定性作用,建立气象数据全国统一大市场,组建统一品牌的气象数据运营主体,作为被授权运营主体对气象数据集约经营。在各省(自治区、直辖市)气象局设立分支机构,经营本区域的气象数据。当各省级分支机构所持有的数据产品不能满足跨区域市场需求时,可由气象数据运营主体统筹协调解决。当气象数据运营主体与各省级分支机构的产品研发能力无法满足市场需求时,应由国家级数据生成单位按市场化机制给予技术支持。数据生成单位不再直接参与流通交易,而是将其产品经营权授予运营主体,其主要职责是以市场需求为牵引,大力研发和提供气象高价值数据产品。四是实行分级授权经营。国家级数据由气象数据运营主体统一对外授权经营，各省（自治区、直辖市）以下数据由省级分支机构统一对外授权经营，同时培育一批数据商和第三方专业服务机构，鼓励多种所有制数据商共同发展、平等竞争。

4. 建立气象数据资产入表新模式

一是落实财政部《企业数据资源相关会计处理暂行规定》的要求，建立企业气象数据资产计入财务报表机制，规范企业数据资源相关会计处理和加强会计信息披露，显化气象数据资源价值和数据资产规模，有效带动气象数据采集、清洗、标注、评价、资产评估等数据服务业发展。二是探索推动将气象数据资产的开发利用纳入国有资产保值增值激励机制，鼓励企业对数据进行深度开发利用。

（二）建立合规高效的气象数据要素流通和交易制度

建立气象数据流通规则和交易制度，有助于增强气象数据可流通水平，提高气象数据质量标准，丰富气象数据产品供给，促进气象数据交易市场健康有序发展。

1. 完善气象数据流通交易规则

一是遵循“开放是常态、不开放是例外”的原则，严格禁止原始数据的流转交易，产品数据、预报预测预警数据和服务数据按市场化方式“共同使用、共享收益”。二是继续完善气象数据要素流通交易标准体系建设，支持气象数据交易主体依法依规在场内场外采取共享、开放、交换、交易等方式流通数据，确保流通数据来源合法、隐私保护到位、流通交易规范。三是修订《气象资料共享管理办法》（2001年中国气象局第4号令），培育发展数据要素市场，充分挖掘数据资产价值，对所有气象数据实行政府指导定价无偿使用，或政府指导定价有偿使用，或市场自主定价有偿使用。四是严厉打击黑市交易，取缔气象数据流通非法产业，引导企业通过认证提升数据安全水平。

2. 建立健全气象数据资产评估体系

一是根据气象数据高标准化、高结构化、高空间分辨率、长时间序列、到手即用等高价值特征，建立基于气象数据生命周期、使用次数、使用时间、使用范围、使用效益及其组合等的气象数据价值评估模型，推动建立气象数据资产评估标准。二是实行政府指导定价与市场自主定价相结合的定价机制，用于公共治理、公益事业的气象数据可实行政府指导定价无偿使用或政府购买服务，用于产业发展、行业发展的气象数据实行市场自主定价有偿使用。三是建立较为统一、规范且具备一定弹性的气象数据价格形成和调控体系，保障气象数据市场价格均衡，以利于培育气象数据流通和交易市场。

3. 培育壮大场内气象数据交易

一是根据气象数据特征，由气象数据运营主体及分支机构分级分类推进气象数据进入国家级或区域性数据交易场所，构建多层次市场交易体系，推动气象数据与区域性、行业性数据融通使用。二是完善基于市场规则的气象数据交易激励机制，培育基于授权的气象数据交易商，推动气象数据交易主体多元化。三是建立与国家级、省级气象数据生成单位职责相适应的数据产品供给机制，明确其气象数据供给的领域、范围、时效、质量等职责，推动气象服务供给侧结构性改革。

4. 发展气象数据产业生态链

一是完善气象数据产业政策法规体系，推动构建涵盖气象数据生产、流通、服务全链条的气象数据产业链，推进气象数据多领域、多行业应用。二是丰富气象数据供给。建立气象数据发布机制，定期更新气象数据技术清单和产品目录，扩大气象数据影响力。以用户为中心，加强基于场景、基于影响的高价值气象数据产品研发，丰富气象数据供给。三是拓宽气象数据应用场景。构建“气象＋”“＋气象”服务体系，推动气象数据深度融入经济社会各行各业的生产、流通、消费等环节，让气象数据应用领域更加宽广、应用场景更加丰富。引导和鼓励各类市场主体以应用场景为导向，采取“采、产、销”一体化数据产品模式，推进气象数据要素市场化。四是培育气象数据应用市场主体。发挥有效市场与有为政府相结合的作用，适度放宽对未得到有效开发利用的气象数据的管理，促进更多市场主体参与到“冷数据”使用价值的挖掘中。

（三）建立体现效率、促进公平的气象数据收益分配制度

建立体现效率、促进公平的气象数据要素收益分配制度，可以推进气象数据产品跨地域的协同合作和治理，提高相关主体参与其中的积极性，助力气象服务均等化，推进气象数据要素的价值化与市场化进程。

1. 建立基于市场价值实现的气象数据要素价值收益分配机制

一是按照“谁投入、谁贡献、谁受益”的原则，构建由市场评价贡献、按贡献决定报酬的气象数据要素收益机制和公平、高效、激励与规范相结合的价值分配机制。二是基于气象数据市场价值实现，建立兼顾气象数据生产、流通、交易等环节各参与方的利益分配机制。三是通过分红、提成等多种收益共享方式，建立基于市场价值实现的气象数据生成单位的利益激励机制和体现劳动者个人贡献的成果转化奖励机制。

2. 更好发挥气象主管机构在气象数据要素收益分配中的引导调节作用

一是加大有为政府引导调节力度，在确保气象数据产业各参与方权益的前提下，建立气象数据产业收益统筹集约、保障公平的分配体制机制，着重解决区域发展不平衡不协调的问题。二是在大力发展气象数据产业的前提下，依法依规鼓励各类市场主体依托产品数据和服务数据提供公益性服务，助力气象服务均等化。

（四）建立安全可控、监管有效的气象数据安全治理制度

建立气象数据安全治理制度，确保数据流通交易过程中规范数据的收集、存储、处理和传输过程，及时发现和解决潜在的安全风险，强化气象数据的安全性和可靠性，提升气象数据产品的竞争力和可持续发展能力，维护国家安全和公共利益。

1. 强化气象数据安全和治理

一是遵循“谁采集谁负责、谁管理谁负责、谁持有谁负责、谁使用谁负责”的原则，明确数据安全和治理责任。二是夯实数字基础设施。基于“云＋边＋端”技术，构建安全可控、流程溯源、集约高效的基础支撑环境，

实现“原始数据不出域、数据可用不可见”。三是完善现有安全监管措施。推动数字资源唯一标识符建设，对各类数据流向和质量问题进行识别、评估、预警、纠错、处置和动态更新，实现数据产权可溯和保护，提升数据安全治理。四是建立气象数据安全审查和数据准入机制。以气象数字标识符（MOID）为工具载体，组织开展气象数据入场登记和对外服务登记，确定场内外气象数据流通来源合法，有序稳妥。

2. 创新气象数据监管模式

一是建设气象数据要素市场信用体系，建立健全气象数据生产流通使用全过程的合规公证、安全审查、算法审查、监测预警等制度。二是完善气象数据社会治理的法律制度和经济、财政、社会、技术等政策，营造公平竞争、规范有序的市场环境，逐步建立和完善数据交易失信行为认定、守信激励、失信惩戒、信用修复、异议处理等机制。三是制定气象数据流通和交易负面清单，明确不能交易或严格限制交易的数据项。四是联合有关部门对气象数据复用、产权纠纷等问题进行管理治理，提升管理治理效率，降低责任风险，减少管理成本，最大化促进气象数据价值快速释放。五是建设气象数据要素流通技术监测预警平台，探索建立敏捷监管、触发式和穿透式监管等数据流通监管方式。

3. 构建气象数据安全有序的跨境流通机制

一是完善气象数据跨境监管机制，推进气象数据出境安全评估制度落地实施，分类分级推动数据安全有序跨境流通。二是鼓励跨国企业依托现有云计算基础设施建设数据运营平台，依法依规开展运营。三是依托国内唯一能够从事跨境数据交易的北京数据交易所，建立气象数据跨境交易专区、交易规则等，主动融入大环境、大规则中，确保气象数据安全合规有序跨境流通。四是借鉴国内气象数据交易经验，联合相关部门共建国际准则，或积极对接国际数据管理协会（DAMA International）等主体，深度融入《数字经济伙伴关系协定》（Digital Economy Partnership Agreement，DEPA）。

三、推进气象数据要素市场化改革的建议

(1)建议由政策法规司牵头，有关职能司配合，加强气象数据合规流通交易政策、法规和标准研究，尽快出台气象部门关于更好发挥气象数据要素作用、加快推进气象数据要素市场化配置改革的政策性文件，出台气象数据流通交易的部门规章。

(2)建议由预报与网络司牵头，有关职能司配合，建立气象数据产权制度，加强气象数据资产登记管理，推进气象数据开放共享和安全治理，创新气象数据监管模式，构建气象数据安全有序的跨境流通机制，切实保障全流程各环节的数据安全；建立气象数据合规流通交易制度，完善气象数据流通交易规则，建立气象数据资产评估体系，构建气象数据全国统一大市场，开展气象数据授权运营，培育壮大场内气象数据交易，发展气象数据产业生态链。

(3)建议由计划财务司牵头，有关职能司配合，探索气象数据资产入表模式，建立气象数据要素价值收益分配机制，更好地发挥职能部门在数据要素收益分配中的引导调节作用。

(4)建议高质量办、改革办推进气象数据基础制度建设综合改革试点工作，鼓励有条件的省市先行先试建立气象数据产权制度、流通交易制度、收益分配制度、安全治理制度。

（来源：《咨询报告》2023年第8期）

第四部分

现代气象管理

“十四五”以来，气象部门以提升治理效能为重点，推进气象治理体系和治理能力现代化，构建现代气象管理体系。当前，新型气象业务技术体制改革等重点领域改革取得实效，气象法治和标准化建设稳步推进，行业协同发展和数据开放共享取得显著进展，监管制度体系日益完善，基层基础能力建设和气象事业协调发展的政策举措落地见效，形成了政府、部门、行业、社会共同推动气象高质量发展的良好势头。本部分将基于气象高质量发展、行业气象管理、气象规范用词、数值预报管理等研究基础上形成的咨询报告进行了汇集。

贯彻落实新时代党的治藏方略 推动西藏气象事业高质量发展的专项调研——思考与建议*

摘要：西藏气象工作具有特殊重要性，西藏气象事业持续快速发展是对我国气象事业高质量发展、现代化气象强国建设的重要贡献。当前，西藏经济社会发展呈现出新的阶段性特征，对气象服务保障也提出更高要求。中国气象局专项调研组调研发现，对标贯彻落实新时代党的治藏方略、服务保障西藏长治久安和高质量发展新形势和新任务，西藏气象还存在气象服务保障需求旺但供给还不足、自我发展意愿强但业务科技能力还不足、特色优势大但内生动力还不够等突出问题。调研提出以下主要对策建议：应全面贯彻落实新时代党的治藏方略，把有力保障稳定、发展、生态、强边"四件大事"作为现阶段加强西藏气象工作的战略重点，举全部门之力谋划好"十四五"西藏气象事业高质量发展，继续实行特殊的人才关怀政策。

为贯彻落实中央第七次西藏工作座谈会(以下简称"七次会")精神、筹备召开第七次西藏气象工作座谈会，按照中国气象局党组统一部署，中国气象局人事司、预报与网络司、计划财务司、气象发展与规划院组成专项调研组，赴西藏自治区气象部门，深入林芝、波密、墨脱等基层气象台站开展专题调研，聚焦全面贯彻新时代党的治藏方略、气象保障西藏长治久安和高质量发展、全面推进西藏气象现代化建设等情况，广泛听取地方政

---

* 执笔人：陈振林　李栋　陈蕾　薛红喜　赵空军

府领导、挂职干部、援藏干部、基层气象干部职工等各方面的意见建议，认真分析研究新时代党的治藏方略、推动西藏气象事业高质量发展面临的困难和问题。

一、全面推进西藏气象事业高质量发展意义重大

（一）西藏具有特殊重要的战略定位

西藏是重要的国家安全屏障、生态安全屏障、战略资源储备基地、清洁能源接续基地和面向南亚开放的重要通道，是维护祖国统一、反对民族分裂的重点地区。“治国必治边、治边先稳藏”，西藏工作关系党和国家工作大局。党中央召开“七次会”，不是给西藏“吃偏饭”，而是站在党和国家事业发展全局高度研究问题、部署工作。调研组分析认为，全国气象部门必须提高政治站位，胸怀“两个大局”，切实增强使命感和担当精神，齐心协力贯彻落实好党中央的战略决策部署，把“两个维护”体现在气象实际行动和工作成效上。

（二）西藏气象工作具有特殊重要性

一是青藏高原是“世界屋脊”“亚洲水塔”，是“世界第三极”的核心区，西藏作为青藏高原的主体，地域辽阔、气候差异大，是我国天气上游和策源地、我国气候系统的关键区，也是全球气候变化敏感区和脆弱区。二是西藏奇特多样的地形地貌和独特的生态环境、高空空气环境、水汽通道，是高原气象科学考察的重要基地。三是西藏地处祖国西南边陲，作为国家安全屏障的第一道防线，边境建设压力巨大、挑战重重，是气象服务边境建设、推进军民气象融合发展的前沿阵地，也是我国与南亚气象科技交流合作的重要通道。同时，西藏天气气候极为复杂、气象灾害和次生衍生灾害易发、多发、重发，基础气象探测任务重、气象预报预测难点多、长治久安气象服务保障责任大。调研组分析认为，做好西藏气象工作，是维护国家安全和巩固生态安全屏障的迫切需要，是保障西藏长治久安和高质量发展的迫切需要，全国气象部门必须从党和国家事业发展全局的战略

高度，深刻认识西藏气象在全国气象工作中的特别地位，更加自觉地支持西藏气象事业高质量发展，大力提升气象保障西藏长治久安和高质量发展的能力。

（三）新时代党的治藏方略是推进西藏气象事业高质量发展的根本遵循

在中央第六次西藏工作座谈会（以下简称“六次会”）上，习近平总书记首次提出“六个必须”的党的治藏方略，在实践中显示出巨大的科学指导和战略引领作用。在“七次会”上，又将其丰富发展为“十个必须”的新时代党的治藏方略，从理论和实践结合上系统回答了西藏必须举什么旗、走什么路、向着什么样的目标前进等重大问题，实现了党的治藏治边理论的新飞跃，是党的基本方略在西藏的具体运用，是我国国家制度和国家治理体系显著优势在西藏的生动体现。调研组分析认为，新时代党的治藏方略不仅是做好西藏工作的纲和魂，也是确保气象工作始终沿着正确政治方向不断前进的指针和标尺，是推进西藏气象事业高质量发展的根本遵循，必须深入学习、长期坚持、贯彻始终、全面落实。

（四）“老西藏精神”是推进西藏气象事业高质量发展的强大力量

在座谈会、调研访谈中，广大气象干部职工纷纷表示，要继续传承弘扬“特别能吃苦、特别能战斗、特别能忍耐、特别能团结、特别能奉献”的“老西藏精神”，缺氧不缺精神、艰苦不怕吃苦、海拔高境界要更高，在工作中不断增强责任感、使命感，增强能力、锤炼作风，团结一心、同舟共济，把热爱高原、建设高原、奉献高原内化为行动自觉，努力为推动西藏气象事业高质量发展不懈奋斗，为建设团结富裕文明和谐的社会主义新西藏做出更大贡献。调研组分析认为，在“七次会”上，习近平总书记深刻指明了做好新时代西藏工作的精神支撑，这种“老西藏精神”已深深融入西藏广大气象各族干部职工的灵魂和血脉，成为凝聚全国之力推动西藏气象事业高质量发展的精神力量，需要在全国气象部门大力弘扬“老西藏精神”，传承红色基因、增强斗争本领、注入时代内涵，使之转化为气象服务保障新时代西藏长治久安和高质量发展的强大力量。

二、面临的主要困难和问题

“六次会”以来，在党中央的坚强领导下，在全国气象部门的大力援助下，西藏广大气象干部职工团结一心、艰苦奋斗，解决了许多长期想解决而没有解决的难题，办成了许多过去想办而没有办成的大事，基本建成了结构完善、功能先进、布局合理、适应需求的气象现代化体系，与全国气象部门一道基本实现了气象现代化，气象服务保障地方经济社会发展和长治久安的能力及水平显著提升，公共气象服务能力达到西部地区的平均水平，气象预测预报能力显著提高，综合气象观测实现智能化，气象软实力和干部人才队伍、台站基础设施条件适应气象现代化建设需要，气象干部职工工作生活条件全面改善。调研发现，对标“七次会”新形势新任务和未来西藏气象事业高质量发展，西藏的气象工作在服务供给、综合观测、预报业务、科技创新、人才队伍等发展体制机制方面仍存在一些突出问题，需要引起高度重视，认真推动解决。

（一）气象服务保障需求旺但供给还不足

“七次会”明确提出要抓好稳定、发展、生态、强边“四件大事”，以及确保国家安全和长治久安、确保人民生活水平不断提高、确保生态环境良好、确保边防巩固和边境安全“四个确保”。气象部门作为政府机关事业单位，“四件大事”的任务要求、“四个确保”的目标要求都需要认真落实，高标准完成维护稳定、服务经济发展和人民安全福祉、保障生态文明建设、推动军民气象融合具有任务重、责任大、挑战多的特点，气象供给能力和水平与新形势新要求不相适应。调研中发现，地处祖国边陲的波密、墨脱等基层气象台站，气象人才队伍的基础支撑薄弱，岗位编制紧缺、人才队伍规模不足，除做好气象主业和本职工作之外，还必须承担大量的包括维稳、驻村、扶贫、参加地方会议等地方党委政府安排的任务，非气象主业责任重且难、负担多而杂，需求与供给矛盾不断加大。

(二)自我发展意愿强但业务科技能力还不足

西藏在党和国家事业发展全局具有特殊重要的战略定位，作为国家重要的高原特色农产品基地、重要的世界旅游目的地、重要的“西电东送”接续基地，其生态修复环境保护、农牧业和农村牧区发展、能源安全以及军民融合和国防安全都有着大量的专业气象服务需求，广大气象干部职工强烈希望加快推进西藏特色的气象现代化，更好地发挥气象的职能作用。但是，气象基础设施建设仍待加强，监测站网依旧存在盲区和空白点，特别是边境地带和重点生态区域，全天候多要素的综合监测能力和移动观测能力还需进一步布局建设；面向高海拔地形和独特的水汽通道，数值预报和短临预报的针对性研发还不足，科研成果转化不够，气象预报核心算法等软实力建设与硬件环境建设不匹配，西藏天气气候变化规律研究和预报预测能力、气象核心业务科技水平亟待提升；支撑公共气象服务的关键技术发展滞后，气象预报预警业务能力有待加强，气象预报预测的精细化水平和精准率、气象服务的针对性多样性和科技含量与监测精密、预报精准、服务精细的目标以及高质量发展的要求还有较大差距，与日益增长的服务需求也有较大差距，偏远地区、边境地区公共气象服务短板仍然突出。

(三)特色优势大但内生动力还不够

西藏作为我国天气系统上游和策源地，具有独特的地理环境、气候环境，其各种气象、生态、地理探测资料具有十分重要的科学研究价值，有利于突破高原气候、灾害性天气预报技术难题。调研发现，一方面，西藏干部人才队伍建设与加快气象科技创新的要求还有差距，气象领军人才培养和引进难度较大，引领气象事业高质量发展的人才缺乏；优秀人才引不进来、留不住的问题仍然存在，基层气象部门特别是高海拔地区、边境县气象局人才更为缺乏；另一方面，长期“输血式”发展对推动西藏气象稳定发展、科技创新起到了重要作用，但一定程度上也使得自主发展和自主创新形成了较大的依赖性，对资金投入援藏、干部人才援藏、科技项目援藏、组团式援藏、受援单位与支援单位捆绑发展模式援藏等依赖心理较强，形成了对“一事一援助、一项目一援助”工作格局的路径依赖。

(四)职工待遇问题影响着干部职工的稳定

气象干部职工干事创业仍有后顾之忧，一是因自然条件和医疗条件差等原因，西藏气象部门干部职工身体状况普遍较差；二是干部特别是来自内地的干部多与家人分居两地，子女入学、养老等顾虑影响干部留藏工作；三是部分县气象局的一些生活保障存在不确定、不稳定的情况，部分单位比较担心后期保障能否继续；四是尚未建立西藏优秀干部职工、因身体原因不能长期在高原工作的干部职工到内地任职机制。调研发现，干部职工待遇距离职工的期盼有一定差距，因政策等因素，难以参照地方文件执行在藏干部职工提前退休政策，干部职工对此意见较大、呼声较高；西藏地方政府出台的增资和津补贴政策因财政部尚未确认，中央财政无法予以支持，同时因其他经费渠道少，政策无法落地；公务员职务职级并行制度实施后，因县级气象局参公编制少，核算的职级职数相对较少；职工身体状况普遍较差，希望能提高体检补助标准。

三、推进西藏气象事业高质量发展的有关建议

西藏气象事业高质量发展，从根本上讲，必须以习近平新时代中国特色社会主义思想为指导，深入贯彻习近平总书记关于西藏工作的重要论述和对气象工作的重要指示精神，坚持以人民为中心的发展思想，坚持目标导向与问题导向相结合，以全面推进西藏气象现代化为主线，以优化发展空间格局为切入点，以创新气象科技和人才发展体制机制为保障，进一步统筹谋划、分类施策、精准发力，走出一条持续、健康、协调的发展道路，为保障生命安全、生产发展、生活富裕、生态良好做出更大气象贡献。结合这次调研，提出如下政策建议：

(一)全面贯彻落实新时代党的治藏方略

党中央关于做好新时代西藏工作的大政方针都已明确，“七次会”标

定了西藏工作的历史方位，形成了新时代党的治藏方略，绘就了建设社会主义现代化新西藏的宏伟蓝图，部署了新时代西藏工作的重大任务，关键是要在全国气象部门特别是西藏气象部门抓好贯彻落实。以“七次会”为标志，西藏站在了新的历史起点上，西藏气象事业迎来了前所未有的、千载难逢的宝贵机遇。推动西藏气象事业高质量发展，必须从政治性、全局性、战略性高度准确把握新时代党的治藏方略的丰富内涵，建议计划财务司牵头、各职能司都要对标对表习近平总书记为西藏工作绘制的路线图、制定的任务书，以“十个必须”为方向，以“四个确保”为目标，明确落实新时代党的治藏方略的思路举措，制定西藏政策措施建议清单，扎扎实实做好西藏气象工作，确保每一项工作、每一项任务都在气象部门落地生根、开花结果。

(二)把有力保障稳定、发展、生态、强边“四件大事”作为现阶段加强西藏气象工作的战略重点

“七次会”明确的“四件大事”，从全局和战略的高度，科学回答了做好新时代西藏维护社会稳定、经济社会发展、生态文明建设、守边兴边强边工作的实践课题，对于进一步做好西藏气象工作提供了行动指南。建议计划财务司牵头制定落实“四件大事”的重大举措，西藏自治区气象局要抓紧制定本区落实“四件大事”的行动方案，把中央全局性要求变为气象工作的具体安排。一是坚持把落实当地维护稳定这一首要政治任务作为第一责任，做确保国家安全和西藏长治久安的有力维护者。二是强化气象科技创新、发挥气象防灾减灾第一道防线作用，以推动气象事业高质量发展着力保障西藏高质量发展，为确保人民生活不断提高贡献气象力量。三是优化气象特色气象服务发展空间格局，着力发展生态气象业务，为推进美丽西藏、确保生态环境良好做出最大贡献。四是加强军民气象融合发展，强化兴边富民气象行动，为确保边防巩固边境安全提供有力支撑保障。

(三)举全部门之力谋划好“十四五”西藏气象事业高质量发展

保障西藏长治久安和高质量发展必须举全国之力统筹谋划气象事业

高质量发展。一是谋划好西藏气象“十四五”规划，建议计划财务司牵头、气象发展与规划院协助做好西藏气象发展重大问题研究，找准发展短板，指导做好发展思路、重点任务、工程项目的编制；西藏自治区气象局要同步加强与地方政府的沟通协调，切实落实好气象规划纳入西藏“十四五”规划。二是继续加大援藏投入力度，建议应急减灾与公共服务司、预报与网络司、综合观测司、科技与气候变化司、计划财务司等单位，继续落实“项目支出重点倾斜”的优惠政策，加快推进气象业务服务基础设施体系建设，推进监测精密、预报精准、服务精细，推进气象融入“数字西藏”“智慧西藏”建设，筑牢气象防灾减灾第一道防线，提升保障和改善民生气象服务能力，提高助力乡村振兴气象服务水平，构筑生态文明气象保障坚实屏障。三是着力提高对口援藏工作质量和效率，建议计划财务司、人事司牵头，完善和创新对口援藏工作机制，建立受援单位与支援单位捆绑发展的模式，将对口支援工作纳入支援单位目标考核；突出项目援藏、智力援藏、人才援藏、科技援藏，强化“业务科技优势援藏、干部人才急需援藏、资金项目精准援藏”，切实做好青藏高原大气科学研究、综合监测能力、高分辨率卫星数据接收等业务科技优势援藏项目；围绕急需突破、急需解决的业务科技问题，做好人才、智力援藏；加大对重大基础工程气象保障、民生气象服务、生态与气候服务、固边强边气象服务、改善基层台站人居环境等资金支持力度，提高援藏工作的实效性和针对性。四是转变发展理念，坚持“输血”与“造血”相结合，厘清“输血”与“造血”的关系，把握好“输血”与“造血”的平衡点，防止产生“等靠要”的“输血依赖症”，多措并举激发内生发展动力，可通过合作共同开展专业气象服务、青藏高原科学考察等方式开展“造血”试点，重在探索自主发展的可行路径和长效机制，着力增强西藏气象的自身发展能力、创新活力和改革动力。

（四）继续实行特殊的人才关怀政策

西藏气象工作任务重、压力大、条件艰苦、工作辛苦，广大气象干部职工坚守基层很不容易，落实“四件大事”“四个确保”任务重、责任大，迫切需要营造拴心留人的人才政策环境，建议人事司牵头，梳理好、落实好、执行好中央和西藏当地人才政策，释放各项政策潜能、用好现有特殊政策、研究制定新的政策举措。指导西藏气象部门编制人才发展规划，实施重点人才工程，加大学科带头人等人才队伍建设力度，在人才引进、选拔交流、出国培训等方面给予支持；强化培训锻炼和培训能力建设，加大选派西藏气象部门优秀气象干部到内地挂职任职和培养性交流力度，推进新进毕业生到内地跟岗培训；统筹用好国家气象事业编制和地方编制，编制资源向边境县气象局、高海拔县气象局倾斜，通过改进公务员招录、应届毕业生招聘政策等，充实队伍、优化队伍结构；加强协调和指导，支持落实职工待遇有关政策，确保一支稳定的气象干部队伍扎根西藏、建设西藏、奉献西藏，吸引更多气象人才投身西藏气象现代化建设。建议中国气象局办公室、机关党委（巡视办）牵头，通过《中国气象报》专访、先进人物报告会等多种形式，开辟多种渠道，弘扬正能量，深入挖掘落实“四件大事”“四个确保”以及在对口援藏工作中涌现出的先进人物、典型事迹、亮点工作，树立学习标杆，注重宣传力度，加大表彰力度，以榜样的力量激励、鼓舞西藏气象人弘扬“老西藏精神”、扎根雪域高原，激励对口援藏人才发挥作用、作出表率。

（来源：《咨询报告》2020 年第 5 期）

关于在业务、服务和管理中规范用词的建议*

摘要：规范用词对于加强顶层设计、促进业务发展、提高服务和管理水平具有重要作用和意义。为此，中国气象局气象发展与规划院会同中国气象事业发展咨询委员会共同开展调研，分析了相关法规、公文和规划中常见的不规范用词问题、原因和影响，并提出改进建议：一是加大对规范用词的重视程度；二是组织完善气象专用词汇定义和用词规范；三是各职能司要加强对用词规范的执行和监管；四是通过正在进行的一系列重要文件的制修订工作，加强引导；五是建立气象业务技术词汇数据库，提供信息化支撑。

词汇混用、误用和乱用等问题普遍存在于气象业务、服务和管理中。用词不规范问题不利于气象业务发展、科学管理和交流合作，而且随着新技术、新概念的不断涌现，问题日趋严重，需给予高度重视并及早解决。

一、气象工作中用词不规范现象较为普遍

目前，在气象管理文件、领导讲话、工程文档和业务系统命名等方面，普遍存在气象专用词汇混用、乱用和误用等现象，主要表现为：

一是词义相近，混用。某些词汇，含义相近，使用时未加区分，可能造成“同物异名、一事多名”。以气象观测、探测和监测为例：在《中华人民共和国气象法》（以下简称《气象法》）中，主要用“探测”（34 处），8 处用“监

* 执笔人：周勇　郝伊一　郭转转

测”(主要限于灾害和气候),未用“观测”;在《国务院关于加快气象事业发展的若干意见》中,有17处用“监测”,有13处用“观测”,有6处用“探测”;在管理文件和技术标准中,“观测”最为常见(详见附录1)。相近同类词汇还包括:服务、保障、服务保障、保障服务;极端天气、强对流天气、高影响天气、灾害性天气;气象数据、气象资料;体系、系统、平台;超级计算、高性能计算;地球系统、气候系统、地球气候系统;等等。

二是词义不清,乱用。某些词汇,特别是与新技术相关的词汇,自身尚无严格定义,再加上不同的人理解不同,造成乱用。例如:对“大数据”一词的使用,地球系统大数据涵盖气象大数据,气象大数据涵盖气象防灾减灾大数据,气象防灾减灾大数据又涵盖预警信息用户大数据,相互嵌套,有些称为“数据”显然比“大数据”更合适。再如:智慧气象有时被称为“发展理念”,有时被作为“重要标志”,有时又指具体事物,在指具体事物时,有时指服务,有时指业务,有时又泛指业务、科研和管理等所有领域。

三是词义清晰,误用。个别已有明确定义的词汇,但由于宣传推广不够,有些撰写人员并不了解,所以也存在被误用的现象。例如:世界气象组织在《基于影响的多灾种预报和预警服务·指导原则》中已经给出“天气预报和预警”“基于影响的预报和预警”与“影响预报和预警”的含义、辨析和实例,但国内文件中却常把“影响预报”(Impact forecasts)作为“基于影响的预报”(Impact-based forecasts)的缩略语来用。

二、用词不规范将影响正常气象工作深入开展

用词不规范会影响政策法规的权威性,影响气象服务质量,不利于气象业务发展、科学管理和交流合作。

一是削弱政策法规的权威性。《气象法》避免使用气象“观测”一词,但此后,在气象领域,“气象观测”仍是最常使用的词语,而《气象法》中偏重的“探测”一词,使用频次远低于观测和监测(详见附录2)。

二是影响气象服务质量。一些气象专用词汇,如“强对流天气”,即使是气象部门干部职工也未必能准确说出其含义,如果在气象服务中使用

该词，那么社会公众很难准确获知信息发布者所要表达的意思。

三是不利于气象业务发展。确保信息上传下达的准确性，对于业务管理至关重要。以对强对流天气和灾害性天气为例，两者内涵不同，使用数据、技术等各异（如：灾害性天气预警需要地方国民经济数据，强对流天气预警则不需要），如果管理文件用词不规范、不一致，将会导致今后系统建设、业务发展中难以抓住重点，甚至走偏方向。

四是不利于科学管理。“用数据说话、用数据决策、用数据管理”已经成为科学管理的重要原则。工程项目、业务系统、科研成果等出现“同物异名、一事多名”，将会给今后统计分析增加困难且更易出错，不利于科学管理。

五是不利于交流合作。由于用词不规范，导致报送文件后被质询，会影响气象部门与其他部门及地方政府沟通办事的效率。此外，用词不规范还会给对外宣传和国际交流造成困难，不利于中国气象全球化发展。

三、规范用词的建议措施

基于上述分析，提出建议如下：

一是加大对规范用词的重视程度。规范用词不但能促进当前气象业务发展、提高服务质量、提升管理水平，还有助于今后统计分析和考核评估。因此，建议各级领导和相关工作人员加大对规范用词的重视程度，建立健全相关制度。

二是组织完善气象专用词汇定义和用词规范。建议参照全国科学技术名词审定委员会工作机制和国家标准制定过程，明确牵头单位，本着查漏补缺、急用先行的原则，在广泛听取各界意见的基础上，研究完善气象工作专用词汇定义和用词规范，并加强宣传推广。

三是各职能司要加强对用词规范的执行和监督管理。一方面，中国气象局各职能司要高度重视用词规范的执行工作，在起草文件时用准词汇；另一方面，要加强对重要文件的用词审核。此外，随着我国深度参与应对气候变化等国际事务，在翻译工作中，也要努力做到词汇用法统一规范，并与国际接轨。

四是通过正在进行的一系列重要文件的制修订工作，加强引导。目前，《气象法》修订工作业已启动，《气象强国建设纲要》《全国气象发展“十四五”规划》和各专项规划等一系列重要文件也处于编制阶段。若能抓住时机，在上述工作中加强规范用词，将能发挥很好的引导示范作用。

五是建立气象业务技术词汇数据库，提供信息化支撑。参照全国科学技术名词审定委员会术语在线（www. termonline. cn）服务平台，建立气象业务技术词汇数据库，提供术语检索、智能推荐、术语管理、术语征集、术语图谱、术语查重、知识链接、术语审校等多功能服务，提升规范用词的信息化支撑能力。

附录 1　气象观测、探测和监测概念辨析

附录 2　省级“十四五”规划相关用词计量统计

附录1　气象观测、探测和监测概念辨析

目前，在领导讲话、气象法规、规划计划、管理文件、工程项目、系统平台乃至教科书中，对于气象观测、探测和监测等词语的使用多有不规范、不一致之处，越早加以统一，越有利于气象业务高质量发展。现就气象观测、探测和监测等词语概念和使用情况进行调查分析。

一、词义和内涵

（一）气象观测的定义和内涵

观测是指对现象的观察和测量。依据《中国气象百科全书·气象观测与信息网络卷》的词语解释，气象观测是指对天气和气候现象特征及其变化过程进行观察和测量。气象观测的对象涉及地球大气和与之密切相关的水圈、冰雪圈、岩石圈及生物圈等的物理、化学、生物特征及其变化过程。通过气象观测，实现用数据量化表达自然界特征，进而可以采用现代气象科技方法，分析研究天气气候规律。气象观测是人类感知和认识气象的第一步，是获取气象基本信息的首要环节，是气象科学的基础。

（二）气象探测的定义和内涵

探测是指对目标物进行探查和测量。依据《气象法》第四十一条，气象探测是指利用科技手段对大气和近地层的大气物理过程、现象及其化学性质等进行的系统观察和测量（此定义与气象观测的定义基本相同）。在《辞海》《中国大百科全书》《大气科学词典》《中国气象百科全书》等权威性工具书中，均无“气象探测”名词或术语的词条。探测在气象方面的主要应用是“大气探测学”的学科名称，研究以大气为对象的探测理论、技术和方法。近年来，大气探测学所研究的对象已不局限于地球大气，还扩展到地球系统中的相关圈层，空间天气及行星大气等范围。

（三）气象监测的定义和内涵

监测是指对目标物、系统或过程进行持续的监视和检测。在《气象

法》和《中国气象百科全书》等法规文件和权威性工具书中，以及世界气象组织（WMO）和美国国家海洋和大气管理局（NOAA）网站上，均未给出“气象监测”名词或术语解释。依据《核化生防护大辞典》的词语解释，气象监测是指对一些特定地域的有关气象要素的变化情况实施不定时的监视观测（这个定义对于天气气候监测并不适用）。气象监测应是针对确定的目标物或系统，长时间持续地观测气象及相关要素的变化过程，检测出其中发生的异常。

二、词语使用情况

（一）《气象法》中的使用情况

在《气象法》中，主要使用“探测”（34 次），少量使用“监测”（8 次），未使用“观测”。词频计量统计如下：

“探测”一词出现 34 次，分别用于气象探测设施、气象探测资料、气象探测信息、气象探测活动和气象探测环境。

“监测”一词出现 8 次，分别用于气象灾害监测、灾害性天气监测、气候监测和大气成分监测。

“观测”一词未被使用。

（二）《国务院关于加快气象事业发展的若干意见》中的使用情况

在《国务院关于加快气象事业发展的若干意见》中，按使用次数从多到少排序，依次是“监测”（17 次）、“观测”（13 次）和“探测”（6 次）。词频计量统计如下：

“监测”一词出现 17 次，分别用于气象监测水平、气候变化监测、雷电监测网、灾害性天气监测能力、气象灾害监测、专业气象监测网、空间天气监测、空间天气灾害监测、公共卫生气象监测、生态气象监测和风力强度监测网。

“观测”一词出现 13 次，分别用于综合气象观测体系、观测基础、综合气象观测系统、气候观测系统、综合气象观测能力和水平、中小尺度区域气象观测系统、观测数据、气象观测站点和国家气象观测网络。

“探测”一词出现 6 次，分别用于机场终端区探测、航空器探测资料、探测环境、气象探测活动、综合探测标准体系和气象探测设施。

（三）《全国气象发展“十三五”规划》中的使用情况

《全国气象发展“十三五”规划》中，按使用次数从多到少排序，依次是“观测”（54 次）、“监测”（39 次）和“探测”（4 次）。词频计量统计如下：

“观测”一词出现 54 次，分别用于综合气象观测系统、卫星组网观测、地面观测站、观测自动化、气象综合观测能力、环境气象观测体系、生态气象观测布局、气象观测网、观测标准质量体系、气象观测质量管理、观测标准化、智能观测、观测装备、观测手段、观测业务、观测数据、观测产品、观测设备、观测基地、观测仪器、观测系统、观测布局、气候变化系统观测、观测试验、观测信息和观测站网。

“监测”一词出现 39 次，分别用于气候质量监测、气象监测能力、气候变化监测、大气成分监测、气候系统监测、极端天气监测、海洋气象监测、气象综合监测、流域雨情监测、强对流天气监测、航空气象监测和全球监测。

“探测”一词出现 4 次，分别用于气象探测设施、微波探测卫星、气象卫星探测工程和气象雷达探测工程。

（四）国家标准和行业标准中的使用情况

在国家标准和行业标准中，“观测”一词应用最为广泛。在被统计的 174 项气象标准（包括国家标准和行业标准）中，标准名称使用“观测”的有 20 个，使用“监测”的有 7 个，使用“探测”的有 1 个。而且，《气象探测环境保护规范 地面气象观测站》（GB 31221—2014）名称中同时使用了“探测”和“观测”，《闪电监测定位系统 第 2 部分：观测方法》（QX/T 79.2—2013）名称中同时使用了“监测”和“观测”。

（五）国际气象领域中的使用情况

气象观测（Meteorological Observation）是国际通用的专业名词。世界气象组织(WMO)采用观测、预报和服务划分气象业务体系,并以“观测”(Observation 或 Observing)命名业务系统和工程项目,如全球气候观测系统(GCOS,Global Climate Observing System)和世界气象组织全球综合观测系统(WIGOS,WMO Integrated Global Observing System)等。

探测和监测并无统一的英语单词与之对应。不同的“探测”技术对应不同的英语单词,如:高空气象探测常用 Probing 或 Radiosonde、雷达探测常用 Sounding、遥感探测常用 Remote Sensing 等。“监测”也有多个与之对应的英语单词,如:世界天气监测网(World Weather Watch)、气候监测(Climate Monitoring)、野火监测(Wildfire Detection)等。

(六)用词方法历史回顾分析

气象观测是历史最悠久的气象专业词语之一。我国从远古时代起就认识到气象的重要性,对物候、天象和气象有各种记载,最早的气象观测文字记载可以追溯到距今 3000 多年的夏代。但是,气象学作为现代科学还要从 16 世纪的欧洲算起,其标志是一系列定量化气象观测的仪器设备和系统的气象学理论。气象观测技术中,很多词汇是随着现代科技的发展而产生的外来语,如雷达、遥感等,形成了与汉语原有词汇融合应用的局面。

历史上曾经出现过“钦天监”,负责掌管观察天象的事务。早在秦汉时期就有太史令,后改为太史监、司天监,直到明清时期改称钦天监,其职责是管理“观象授时”事务,参与历法的修订,下辖司天台等机构,就像现在的气象局。所以,这里的“监”,不要误解为监测天气,而是监管气象事务。

(七)对习近平总书记重要指示中“监测精密”的用词分析

在新中国气象事业 70 周年之际,习近平总书记对气象工作作出的重要指示中提到“监测精密、预报精准、服务精细”。此处,“监测精密”可以理解为:利用观测系统,开展观测业务,做到一时一刻不放松、一个过程不漏过,精准检测到各种异常变化(尤其是灾害性天气过程),为及时、准确地做好预报和服务打好基础。这是对气象工作提出的要求,是否涉及气象观测业务系统的名称,“气象观测”是否需要改名为“气象监测”,可以作更深入的研究。

三、用词规律和存在问题分析

（一）用词规律

虽然气象探测、观测、监测等存在用词不规范、不统一的问题，但总体而言，还是有规律可循的。

一是“探测”较多用于卫星、雷达等装备和技术方面。例如：微波探测卫星、双偏振天气雷达探测技术、中高层大气探测设备等。

二是“观测”较多用于观测站点、网络、业务、数据和系统平台等方面。例如：现代气象观测业务体系、综合气象观测系统、地空天立体观测网络、观测数据质量控制等。

三是“监测”较多用于气候、灾害性天气等能力方面。例如：气候监测、灾害性天气监测等。

综上，气象观测、探测和监测的用词规律可以概述为：发展探测技术和装备，建设观测站网和业务系统，提升监测能力。继续使用气象观测，但在探测和监测前面，不要笼统地都冠以“气象”，而是有针对性地使用具体名词。

（二）问题分析

造成气象观测、探测和监测等词语混用的原因，既有词语定义和内涵界定问题，也有使用者的理解和观念问题。

以《气象法》为例，一般认为“探测”技术含量高于传统“观测”，为了突出先进性而没有使用传统的“观测”一词。但《气象法》颁布后的应用中，“观测”与“探测”并无技术含量高低之分。观测的“观”并不局限于人工目测，也有卫星对地观测而涉及遥感成像等高新技术，近几年采用人工智能技术模拟人眼识别观测，更是处在技术发展前沿。此外，“观测”一词在标准规范、规划计划、工程项目、业务系统和国际交流等领域仍被广泛应用。

由于技术的进步，“观测”与“探测”并没有科技含量高低区别。观测是个大概念，可以涵盖各种探测和监测，即使仅就模拟人眼的技术而言，也已经属于高科技发展领域。越来越广泛应用的视频监控技术可以使气象观测数据量大大增加，成为气象大数据的重要组成部分，为智慧气象发展提供基础性支撑。因此，修改《气象法》时可以考虑这些情况。

四、对其他相关问题的说明

在 2004 年《中国气象事业发展战略研究》中，首次确立了地基、空基和天基观测的概念，提出了一体化观测体系的发展目标。在 2006 年编制的《中国气象局业务技术体制改革总体方案》中，确立了“气象综合观测系统”的名称。在 2006 年全国气象局长会议工作报告和《气象事业发展“十一五”规划(2006—2010 年)》中，均称为“气象综合观测系统”。

但是，在《中国气象局关于发展现代气象业务的意见》(气发〔2007〕477 号)中，《第一章 现状与需求分析》部分仍称为“气象综合观测”，其他章节中则变成了“综合气象观测”。由此至今，正式公文中的名称都统一用“综合气象观测系统”词组，没有再出现“气象综合观测”用词。

附录 2　省级“十四五”规划相关用词计量统计

对 16 个省级气象“十四五”规划[①]中部分常见词汇计量统计，结果如下：

一、观测、探测、监测

在被统计文件中，“观测”出现次数最多（1261 次，占比约 52%），“监测”次之（1001 次，占比约 41%），“探测”最少（176 次，占比约 7%）。观测和监测混用问题较为突出。

二、体系、系统、平台

体系、系统和平台词频统计结果如下：在被统计文件中，“体系”出现次数最多（980 次，占比约 40%），“系统”次之（880 次，占比约 35%），“平台”最少（633 次，占比约 25%）。“体系”一词使用范围过于宽泛，“系统”和“平台”混用问题较为突出。

在“体系”“系统”和“平台”3 个词中，“体系”被用于管理领域最多，“系统”被用于观测和预报领域最多，“平台”被用于信息领域最多。

三、资料、数据、大数据

在被统计文件中，“数据”出现次数最多（740 次，占比约 59%），“大数据”次之（388 次，占比约 31%），“资料”最少（133 次，占比约 11%）。“大数据”一词使用范围过于宽泛，很多地方更合适采用“数据”一词。

在资料、数据和大数据 3 个词中，“资料”被用于观测领域最多，“数据”被用于气象信息化领域最多，“大数据”被用于业务领域最多。

---

① 截至 2021 年 6 月 30 日，已提交中国气象局审核的省级气象“十四五”规划有北京、天津、河北、内蒙古、吉林、上海、江苏、安徽、江西、山东、湖南、广东、贵州、陕西、甘肃、青海等省（自治区、直辖市）。

四、极端天气、强对流天气、灾害天气/灾害性天气、高影响天气

极端天气、强对流天气、灾害天气/灾害性天气、高影响天气词频统计结果如下：在被统计文件中，“灾害天气/灾害性天气”出现次数最多（193次，占比约61%），“强对流天气”次之（61次，占比约19%），“高影响天气”又次之（36次，占比约12%），“极端天气”最少（25次，占比约8%）。这几个词从出现频次高低并不能反映出问题。但是，各省（自治区、直辖市）规划目标中用词不一致，反映出各省（自治区、直辖市）重点发展方向存在差异，以及与国家级总体规划的共性要求不同。

五、基于影响的预报、影响预报

基于影响的预报、影响预报词频统计结果如下：在被统计文件中，“影响预报”出现次数多（144次，占比约94%），“基于影响的预报”出现次数少（9次，占比约6%）。但从规划任务内容来看，常见把“影响预报”作为“基于影响的预报”缩略语来使用的问题。

六、基于风险的预警、风险预警

基于风险的预警、风险预警词频统计结果如下：在被统计文件中，“风险预警”出现次数多（155次，占比约95%），“基于风险的预警”出现次数少（8次，占比约5%）。但从规划任务内容来看，常见把“风险预警”作为“基于风险的预警”缩略语来使用的问题。

七、高性能计算、超算/超级计算

高性能计算、超算/超级计算词频统计结果如下：在被统计文件中，“高性能计算”出现次数多（50次，占比约91%），“超算/超级计算”出现次数少（5次，占比约9%）。气象部门习惯用“高性能计算”，与国务院文件中常用的“超级计算”不一致。

八、服务、保障、服务保障、保障服务

服务、保障、服务保障、保障服务词频统计结果如下：在被统计文件中，“服务”（不含“服务保障”和“保障服务”）出现次数最多（4090 次，占比约 72%），“保障”（不含“服务保障”和“保障服务”）次之（1342 次，占比约 24%），“服务保障”和“保障服务”使用次数少（分别为 119 次和 111 次，占比均在 2%左右）。“服务”和“保障”混用问题突出，虽然对公众理解和开展气象服务的直接影响不大，但当用于工程项目或业务系统命名时容易造成混乱，例如建设“某某服务平台”与“某某保障系统”，是否指同一件事？

综上，在气象“十四五”规划等重要文件的编制过程中，词汇混用现象仍十分普遍，将会对今后实施规划和推进气象事业发展造成不利影响，需给予重视并及早解决。

（来源：《咨询报告》2021 年第 2 期）

国家综合防灾减灾背景下气象履行防灾减灾职能面临的问题及对策建议*

摘要：河南郑州"7·20"特大暴雨灾害暴露出"应急管理碎片化"的问题，气象部门履行防灾减灾职能的定位、依据、业务能力等也受到更多关注，在预警发布主体地位和法律依据、地方应急指挥和部门联动机制、预报预警业务服务能力和效果等方面面临着压力和挑战，存在着问题与短板。随着国家防灾减灾体制机制改革的深入推进，气象部门要立足发挥第一道防线作用的职责定位，坚守气象防灾减灾职责边界，强化气象预警发布主体地位，切实推动国突系统运行发展，做细做深做实影响预报和风险预警业务，充分发挥气象部门在国家综合防灾减灾救灾中的监测预报先导作用、预警发布枢纽作用、风险管理支撑作用，不断提升气象防灾减灾科学化、规范化、专业化水平。

2016年12月，《中共中央 国务院关于推进防灾减灾救灾体制机制改革的意见》印发，提出要完善统筹协调、分工负责的自然灾害管理体制，充分发挥中央有关部门在监测预警、能力建设、应急保障等方面的职能作用，提高防灾减灾救灾工作法治化、规范化、现代化水平。

2018年应急管理部组建成立后，作为综合防灾减灾部门，其一方面围绕建立应急管理信息平台、健全自然灾害信息获取和共享机制等，加强与气象部门协商合作；另一方面就气象灾害预警发布、国突系统运行等职

* 执笔人：郭淑颖　王喆　王姣姣　李文婧　郑祺

能，多次与气象部门磋商调整，特别是河南郑州“7·20”特大暴雨事件暴露出“应急管理碎片化”的问题，气象部门履行防灾减灾职能的定位、依据、业务能力等也受到更多关注。研究组通过文献调研、专家座谈等，深入分析在综合防灾减灾背景下气象防灾减灾履职存在的重点问题，并提出相应的对策建议。

一、气象履行防灾减灾职能面临的问题和压力

（一）气象灾害预警发布方面

一是气象灾害预警发布职能在法律依据上受到质疑。《中华人民共和国气象法》（以下简称《气象法》）规定，国家对公众气象预报和灾害性天气警报实行统一发布制度，其中，各级气象主管机构所属的气象台站应当按照职责向社会发布公众气象预报和灾害性天气警报，并根据天气变化情况及时补充或者订正。《气象灾害防御条例》（以下简称《条例》）规定，各级气象主管机构所属的气象台站向社会统一发布灾害性天气警报和气象灾害预警信号。《气象灾害预警信号发布与传播办法》（以下简称《办法》）规定，各级气象主管机构所属的气象台站及时发布、更新或者解除预警信号。而《中华人民共和国突发事件应对法》规定，可以预警的自然灾害，县级以上各级人民政府发布相应级别的警报。有关应急管理专家认为，《气象法》仅规定气象部门发布灾害性天气警报，未规定发布气象灾害预警；《条例》和《办法》规定气象部门发布气象灾害预警信号，也未明确规定发布气象灾害预警；气象部门发布气象灾害预警存在法律法规依据不够充分的问题，建议气象部门按法律法规发布警报和预警信号，应急部门结合突发事件应对，统筹开展面向政府决策的预警信息发布和应急响应。

二是气象灾害预警的实际效果不够理想。气象预警信息存在多主体发布、重复发布、发布过多过频等现象，预警的时效性、精准性亟待增强；气象预警与实际“险情”“灾情”关联性不够紧密，存在将定量化预报等同预警的现象，影响预报和风险预警能力亟待增强；气象部门只管发预警，不管预警后的行动，且山洪灾害、地质灾害预警分别由水利、自然资源部

门发布，存在部门分割现象，不利于预警措施落实和后续应对行动。对此，应急管理专家提出探索实行自然灾害预警统一由应急部门发布的制度，或者是红色和橙色的高级别预警由地方政府或应急部门发布的制度。

(二)国突系统运行发展方面

得益于气象部门的垂直管理体制优势和比较先进的技术网络优势，国务院将国突系统建设和运行维护交由气象部门负责。自2015年以来，中国气象局始终把握国家突发事件预警信息发布平台的重要定位，着力加强四级发布体系建设，积极对接各类媒体渠道，不断拓展信息发布种类内容，完善发布流程标准，提高发布精准性和受众面。但随着改革发展形势的变化，国突系统运行发展面临的问题逐渐凸显。

一是运行发展的总体管理职责缺位。国突系统建立之时由国务院应急办负责总体管理，制定了《国家突发事件预警信息发布系统运行管理办法(试行)》(以下简称《国突办法》)。国务院应急办积极履行总体管理职责，深入推动各部门对接应用国突系统。政府机构改革后，国务院应急办的相应职责调整至应急管理部，但国突系统的总体管理职责主体未作进一步明确，使得推动相关部门深入应用对接国突系统的力度弱化，执行《国突办法》有关条款的力度大打折扣。目前，北京、海南等地的国突系统交由应急部门运行后，应急部门才在地方政府应急预案中明确由国突系统发布四类突发事件预警信息，国突系统面临被替代性建设的压力。

二是在手段对接和部门对接上存在短板。从郑州“7·20”特大暴雨事件来看，气象部门发布了5次红色预警，但通过国突系统全网发布的只有1次。原因是电信运营商分配给气象部门的带宽和优先级不够，全网发布1次耗费时间过长，失去了预警时效，而精准靶向发布能力尚存在不足。此外，河南国突系统对接媒体渠道也较少，发布覆盖面不够，导致郑州“7·20”特大暴雨事件中国突系统是否充分发挥作用受到质疑。从全国来看，国突系统发布的四类突发事件预警信息中，自然灾害类占绝大多数，事故灾难、公共卫生事件、社会安全事件占比很低。究其原因，气象部门自身推动各部门对接应用国突系统的效果有限，且缺乏地方政府应急预案层面的制度支撑，相关部门也存在“不会发、不愿发、不敢发”的情形，国突系统信息发布范围和领域有待进一步拓宽。

(三)气象灾害防御指挥机构方面

调研发现，全国近 2/3 的省（自治区、直辖市）政府成立了气象灾害防御/应急指挥部，但由于地方政府相关指挥机构设置重叠、职责任务重合，以及气象部门的指挥调度能力有限等，大部分地方的指挥部并没有真正发挥作用。国务院灾害调查组发布的《河南郑州“7・20”特大暴雨灾害调查报告》也指出：“气象灾害防御指挥部未按预案要求启动气象灾害防御应急响应。”应急部门在梳理分析各地应急指挥体系组成和运行现状后，提出整合优化相关指挥机构，设置“国家应急指挥总部”和“区域指挥（协调）中心”的工作思路。应急指挥总部既是应急指挥平台，也是预警发布的信息网络平台，其成立后试图将各个部门的监测预警信息实时传输接入，并通过其拟建设的预警发布平台进行预警发布。

(四)影响预报和风险预警业务方面

中国气象局从 2008 年开始推动影响预报和风险预警业务，经过 10 多年的探索和实践，初步建立了四级业务体系，但实际业务服务效果还不够理想，存在一些薄弱环节。

一是重视程度有待提高，业务精细化水平和针对性不强。绝大部分气象部门仅将影响预报和风险预警业务作为天气预报的延伸，抱着“能做多少算多少”的心态，未从关系气象事业发展空间和地位的高度认识这项业务，缺乏中国气象局层面的顶层设计和长远谋划，缺乏系统性的工作部署和体系布局，业务精细化水平还不高，服务效果还不理想。

二是科技支撑薄弱，学科交叉融合发展不够。科技研发基础薄弱，气象与信息、经济、社会等学科交叉融合发展不够，缺乏专门科研团队和重大科研项目带动，在影响预报模式等方面缺乏长期集中攻关，科研对业务支撑作用不够。省级气象部门中仅有上海等地形成了较完善的技术路线、业务流程、预报服务产品并基本实现标准化业务运行，但缺少对全国的辐射作用。

三是部门信息共享程度不高，合作机制不健全。数据共享存在壁垒，标准规范缺乏。目前虽与水利、自然资源、生态环境、农业、应急等部门联合发布中小河流洪水、山洪和地质灾害气象风险预警、重污染天气预报和空气污染气象条件预报、农业病虫害气象预报、森林草原火险气象等级等预报预警信息，但合作的长效化机制不健全，合作的深度和效果不理想，且应急部门也在利用相关高校和科研机构力量，开展台风、低温雨雪冰冻等影响预报和风险预警，并积极谋划、建设和发展自身业务体系，势必与气象部门形成明显业务重叠和有力竞争。

二、对策建议

针对上述问题，气象部门要立足发挥第一道防线作用的职责定位，坚守气象防灾减灾职责边界，强化气象预警发布主体地位，切实推动国突系统运行发展，做细做深做实影响预报和风险预警业务，不断提升气象防灾减灾科学化、规范化、专业化水平。

（一）科学规范地确定和履行气象防灾减灾职责

一是坚守气象灾害监测预报预警职责边界。气象灾害监测预报预警既包括灾害性天气的监测预报预警，也包括在此基础上，对灾害性天气与承载体状况、经济社会和相关行业发展程度、政府和相关部门决策过程等进行综合分析研判后作出的影响预报和风险预警。从职责定位来说，发挥气象防灾减灾第一道防线作用，要求气象部门在气象灾害防御中做到监测早、预报准、预警快、发布广、效果实，势必要求做好气象灾害监测预报预警，而非仅仅是灾害性天气的监测预报预警；从科学应对来说，气象灾害种类多，龙卷、暴雨等灾害局地突发性强，贯彻人民至上、生命至上的理念，必然要求气象部门依托气象监测预报业务，第一时间快速作出灾害风险预警，否则将可能造成重大人员伤亡和财产损失。

二是构建气象部门防灾减灾权责清单。结合气象业务技术体制改革方案和各级气象部门业务分工，抓紧构建各级气象部门防灾减灾权责清单，明确各级气象部门承担的气象灾害监测预报预警、预警信息发布、防灾减灾气象服务等职责。积极将气象防灾减灾权责清单中的职责通过地方政府预案、政策文件、政府规章等形式予以认可。督促各级气象部门严格按照清单履行职责，既做到法定职责必须履行，又避免履职中的越位或者缺位现象。

（二）明确气象预警内涵，强化预警发布主体地位

一是统一气象预警内涵和称谓使用。“警报”“预警”“预警信号”均是气象预警信息的内容，三者在法理上并未有严格区分，只是气象部门在操作中为更好发挥预警效果而进行的内部区分。建议坚持内外有别、有理有利，对外统一使用“气象预警信息”这一称谓，不作细致区分，避免掉入“概念陷阱”；对内根据实际情况加以适当区分，并在气象部门的规章和相关文件中规范表述。如果按照这一概念逻辑，气象部门发布预警信息无论是在《气象法》的法律层面、《条例》的法规层面、《办法》的规章层面，以及《国务院办公厅关于加强气象灾害监测预警及信息发布工作的意见》（国办发〔2011〕33 号）的政策文件层面，还是在经国务院办公厅批复的“三定”方案中，均可找到依据。

二是形成自下而上逐步突破的态势。鉴于在国家层面的法律、行政法规中确定气象灾害预警发布主体地位的难度较大，可积极推动省级气象部门将气象灾害预警发布职责纳入地方行政法规，形成自下而上逐步突破的态势。同时，统一各级气象部门思想认识，增强敏感意识，坚守气象部门预警发布主体地位。

三是规范预警响应的部门联动。进一步明确由气象部门发布气象灾害预警，应急部门根据预警级别召集相关部门联合会商，进行风险研判，提出应急响应等级建议，并报请政府启动应急响应和指挥调度；推动地方政府和相关部门建立与气象灾害预警级别相适应的响应级别制度；中国气象局可向国务院及相关部门积极谏言，借鉴发达国家应急管理体制的有效做法，推动建立重大自然灾害应急联动的联合席位制度，完善跨部门的应急联动机制。

(三)高度重视并大力加强国突系统运行发展

一是注意避免因履职不到位引发的责任风险。立足国家突发事件预警信息发布平台的重要定位，加强对国突系统运行发展的总体谋划和工作推动。充分发挥气象部门管理体制优势和技术优势，加强上下联动，与政府相关部门和电信运营商协商，遇到重大气象灾害要确保信息发布的优先级和带宽，避免因履职不到位引发责任风险。

二是推动健全国突系统运行管理机制。加强沟通协商，推动修订《国突办法》。统筹协调相关部门深入对接应用国突系统，将国突系统发布四类突发事件预警信息纳入各地政府突发事件应急预案。加强与水利、自然资源等部门的合作，着力把各类自然灾害预警信息常态化纳入国突发布平台。健全预警信息发布部际协调沟通机制和社会再传播机制，推动预警信息发布融入政府公共信息发布体系。

三是加强国突系统能力建设。推动各地加强与各类媒体发布渠道对接，完善信息快速发布机制，健全预警信息发布和社会传播标准规范，拓展面向偏远地区的信息覆盖能力。进一步提高精准靶向发布能力，探索小区广播等新型发布渠道。争取国突系统后续项目建设，及时更新改造基础设施。

(四)调整转变气象灾害防御指挥机构运行模式

各地气象灾害防御/应急指挥部大致有两种运行模式：第一种是指挥部办公室设在气象部门，实际运行也由气象部门主导，即气象部门既负责预报预警，又负责响应指挥和调度协调；第二种是指挥部办公室设在应急部门，或虽然设在气象部门但实际运行由应急部门主导，即气象部门主要负责预报预警，响应指挥和调度协调则由应急部门负责。从发展趋势来看，气象灾害防御指挥机构的设立，与国家应急指挥信息、资源、力量统筹高效的要求不相符合，在未来各地统一整合撤并中可以考虑撤销。从目前运行情况来看，在第一种模式中，气象部门要承担较大的指挥调度和协调职责，这方面的履职能力有限，履职责任和压力很大；在第二种模式中，气象部门的预报预警职责没有削弱，但指挥调度的压力大大减轻，相关部门的关系也较为顺畅。因此，建议目前可逐步向第二种运行模式调整转变。

（五）大力推动影响预报和风险预警业务发展

一是战略性布局影响预报和风险预警业务。影响预报和风险预警是落实“两个坚持”“三个转变”的重要举措，既是世界气象组织着力推动发展的业务，也是各防灾减灾部门高度重视和竞相发展的战略性业务。中国气象局要将影响预报和风险预警业务放在与天气预报、气候变化同等重要的战略性位置，进行长期战略谋划和中期规划；制定专门工作方案，开展定期评估和督促检查，在机构设置、创新平台、业务团队、研究力量等方面采取更加有力的举措。

二是强化提升科技支撑能力的举措。将影响预报与风险预警作为研究型业务的重要内容，加强核心技术攻关，加强气象、信息、经济等多学科交叉融合研究。组建影响预报与风险预警部门重点实验室。加强学科带头人和领军人才建设，形成竞争力强的科研团队，积极争取重大科研专项。

三是加强合作，做细做深做实业务。自然灾害影响预报和风险预警涉及气象信息、承灾体信息、相关行业信息以及经济社会相关部门信息，只靠一个部门的力量无法深度开展，必须多部门联合协同。要深化与水利、应急、交通、环境、农业、卫生等部门在灾害风险监测、风险普查、数据共享等方面的合作机制，联合制定指标、方法和标准规范，强化联合会商研判，不断推动影响预报和风险预警业务做细做深做实。

（来源：《咨询报告》2022 年第 4 期）

气象条件对我国国民经济行业产值的影响*

摘要：气象条件对国民经济行业产出具有重要影响，在充分调研国内外相关研究成果的基础上，本研究采用三步走的方式，对该问题进行了递进式研究。1. 采用国际通用的德尔菲法定性估算，我国约41.26%的国内生产总值(GDP)与天气气候有关。2. 基于Lazo模型研究表明：气象条件(主要指温度和降水)对我国GDP的贡献率达5.87%，以2021年为例，当年GDP为114.4万亿元，其中气象条件的贡献可达6.72万亿元。3. 以农林牧渔业为例，对Lazo模型进一步优化，在考虑更多敏感气象要素的条件下(热量、水分、光能)，研究表明：气象条件对我国农林牧渔业GDP的贡献率为16.06%。

气象条件直接或间接地影响国民经济各行业的生产和消费决策。从农作物的种植与收割时机到是否需要因为天气原因改变飞行航线，到预测极端高温来调节城市供电，再到公众出游时间和地点的选择等，都与气象条件密切相关。当前，国际上通常采用基于主观判断法或德尔菲法定性估算天气气候与国内生产总值(GDP)的相关性，用基于经典经济理论的C-D生产函数模型定量评估气象条件对GDP的贡献率。本研究分别采用上述两种方法系统地开展了相关研究。

---

* 执笔人：吕丽莉　肖芳　于丹　樊奕茜　李萍　王喆　唐伟　韩佳芮　谭雄恺　林佳璐　李爽

一、基于德尔菲法估算，我国约 41.26%的 GDP 与天气气候有关

基于德尔菲法，课题组邀请来自中国社会科学院、中国科学院大学、清华大学、北京师范大学、上海师范大学及气象系统的多位专家，对我国国民经济行业及行业细分领域产值是否会受天气和气候影响进行了估算。

结果显示，我国大约 41.26%的 GDP 与天气气候有关。以 2021 年为例，当年 GDP 为 114.4 万亿元，大约 47.20 万亿元与天气和气候有关。其中，农林牧渔业、建筑业、交通运输业、房地产、住宿和餐饮业等行业整体都受到天气和气候变化的影响（表 1）。这与美国学者达顿（Dutton）①的结论“美国约 1/3 的 GDP（实际比例：39.08%）会受天气和气候变化影响”基本一致（详见附录 1）。

表 1　天气相关产值国内外相关研究结果对比

行业（Dutton，美国）	比例	行业（本文，我国）	比例
农业、林业和渔业	100%	农林牧渔业	100%
采矿业	86.23%	工业	14.86%
建筑业	100%	建筑业	100%
制造业	0	制造业	—
交通运输与公共事业	95.33%	交通运输业	100%
批发贸易	0	批发和零售业	42.46%
零售贸易	100%	零售贸易	—
金融、保险与房地产	19.58%	金融业	13.76%
服务	12.07%	房地产业	100%
联邦政府	0	住宿和餐饮业	100%
州和地方政府	100%	其他	15.35%
天气相关产值占 GDP 比例	39.08%	天气相关产值占 GDP 比例	41.26%

① DUTTON J A. Opportunities and Priorities in a New Era for Weather and Climate Services[J]. Bulletin of the American Meteorological Society, 2002, 83(9): 1303—1312. DOI: 10.1175/1520-0477-83.9.1303.

二、基于 Lazo 模型评估得出，气象条件对我国 GDP 的贡献率可达 5.87%

在经济学中，贡献率常常用于分析各投入要素对经济产出的作用大小。气象条件对 GDP 的贡献率，就是指气温、降水等气象要素作为生产投入要素对 GDP 产出的影响，能够综合反映气象条件对经济活动作用的大小。C-D 生产函数模型(柯布—道格拉斯生产函数)是当前经济学中使用最广泛的一种宏观经济经验模型，被广泛采纳用于分析某一种要素对经济产出的贡献。当完成 C-D 函数拟合估计并通过验证后，固定所有的非气象要素，计算气象变量历史观测值变动时 GDP 变动的情况，就可以得出，在假设经济投入、劳动力和技术水平等条件不变的情况下，气象条件对 GDP 的贡献率。

常见的 C-D 函数通常不考虑投入要素之间的相互关系，直接假设投入要素之间相互独立。2011 年，美国学者拉佐(Lazo)带领的研究团队对常见的 C-D 生产函数模型进行了改进，形成了 Lazo 模型。Lazo 模型最大的优点是考虑了投入要素之间的相互关系，能够捕捉不同变量，尤其是气象变量之间的非线性关系、替代关系和协同关系，从而提高模型拟合的准确性。Lazo 用该模型定量评估了气象条件(主要指温度和降水)对美国 GDP 的贡献率为 3.4%(表 2)，这一结论得到了美国国家海洋和大气管理局(NOAA)、世界气象组织(WMO)和世界银行等的广泛认可。

表 2 气象条件贡献率国内外相关研究结果对比

行业(Lazo，美国)	比例	行业(本文，我国)	比例
农业	12.1%	农林牧渔业	12.80%
建筑业	4.7%	建筑业	4.90%
批发业	2.2%	批发和零售业	10.06%
零售业	2.3%	零售业	—
采矿业	14.4%	工业	7.99%

续表

行业(Lazo,美国)	比例	行业(本文,我国)	比例
交通业	3.5%	交通运输业	9.43%
服务业	3.3%	服务业	—
金融业	8.1%	金融保险业	7.09%
制造业	8.2%	房地产业	6.38%
公共事业	7.0%	住宿和餐饮业	11.25%
通讯业	4.7%	通信业	—
对 GDP 的贡献	3.4%	对 GDP 的贡献	5.87%

鉴于此，本研究采用 Lazo 模型定量评估了气象条件（主要指温度和降水）对我国 GDP 的贡献率。结果显示，气象条件对我国 GDP 的贡献率达 5.87%。以 2021 年为例，当年我国 GDP 为 114.4 万亿元，其中气象条件对 GDP 的贡献可达 6.72 万亿元（详见附录 2）。就具体行业而言，气象条件对行业 GDP 的贡献从大到小依次为：农林牧渔业、住宿和餐饮业、批发和零售业、交通运输业、工业、金融保险业、房地产业和建筑业（图 1）。

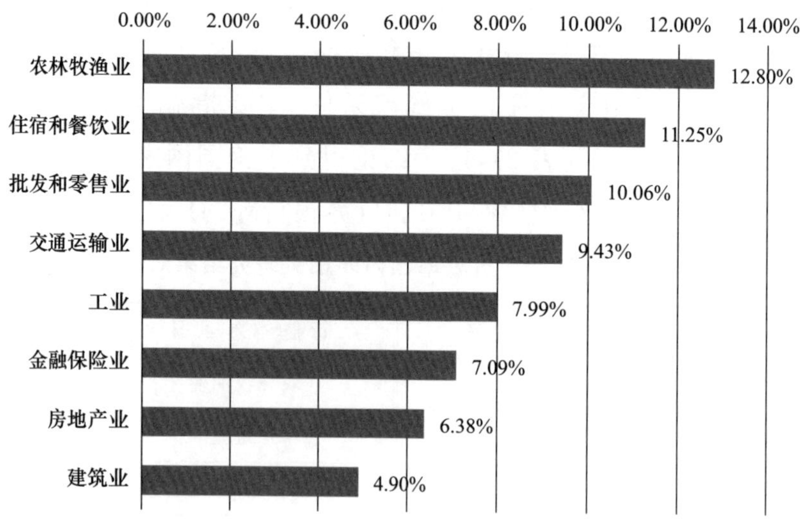

图 1　气象条件（主要指温度和降水）对各行业 GDP 的贡献率

三、优化 Lazo 模型中的气象要素后，评估得出气象条件对我国农林牧渔业 GDP 的贡献率可达 16.06%

在评估气象条件对我国 GDP 的贡献时，需要通盘考虑对 8 个行业都有贡献的气象要素，因此在选择气象要素时，选取了具有广泛性和代表性的温度和降水。但是具体到某个行业时，应该基于该行业的特点，选取对该行业 GDP 影响较大的气象要素来全面评估气象条件的贡献。

基于以上考虑，本研究首先选取了农林牧渔业，对 Lazo 模型的气象要素选取进行了优化，在大量文献调研的基础上，就指标选取和构建广泛征求了部门内外专家意见并得到了认可。就农林牧渔业而言，其主要受热量、水分和光能这三大气象条件的影响。因此，本研究选取了暖积温、冷积温、年总降水量、年降水量标准差、年总日照时数这 5 个气象要素指标来系统评估气象条件对农林牧渔业 GDP 的贡献。

结果显示，在考虑了更多敏感要素的情况下，气象条件对我国农林牧渔业 GDP 的贡献率可达 16.06%。以 2021 年为例，当年农林牧渔业 GDP 为 83086 亿元，其中气象条件对农林牧渔业的贡献可达 13343 亿元（详见附录 3）。气象条件对各区域农林牧渔业经济产出的贡献从大到小依次为：华中地区、西南地区、华南地区、华东地区、西北地区、东北地区和华北地区（图 2）。

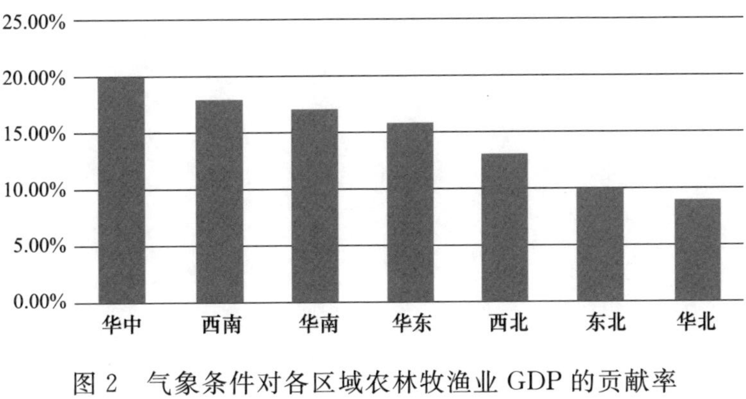

图 2　气象条件对各区域农林牧渔业 GDP 的贡献率

四、下一步研究计划

本研究是采用计量经济学方法来评估气象条件对GDP影响的一次尝试，基本实现了国际通用评估模型的本地化以及评估指标的优化，并得出了一系列研究结论。

在下一步的研究中，一方面，将继续基于现有模型，针对其他天气敏感行业，如交通、能源、金融等进行系统定量评估，同时考虑进一步优化评估模型和评估指标；另一方面，由于我国是全球气候变化的敏感区和显著区，升温速率明显高于同期全球平均水平，这将导致未来我国气象条件会发生较大的变化。因此，建议适时建立常态化评估机制，每5年针对气象条件对我国经济产出的贡献进行一次系统全面的科学评估，从而全面、客观地掌握气象条件对经济影响的动态变化，为相关科学决策提供最新的研究支撑。

附录1　我国与天气气候有关的GDP估计

附录2　采用Lazo模型定量评估气象条件对我国GDP的贡献

附录3　优化模型气象投入要素评估气象条件对农林牧渔业GDP的贡献

附录 1　我国与天气气候有关的 GDP 估计

2002 年，美国学者达顿(Dutton)采用主观经验判断的方法定量估计了与天气和气候有关的美国 GDP。结果表明，大约 1/3 的 GDP(占比：39.08%，表 1)与天气气候有关。以 2000 年为例，GDP 为 9.87 万亿美元，大约 3.8 万亿美元与天气和气候有关。

表 1　美国与天气气候有关的行业产值统计

行业	GDP 组成(10 亿美元)	与天气和气候有关的 GDP 组成(10 亿美元)
农业、林业和渔业	135.8	135.8
农场	79.0	79.0
农业服务、林业和渔业	56.7	56.7
采矿业	127.1	109.6
煤矿开采	10.1	10.1
油气开采	99.5	99.5
其他采矿业	17.5	—
建筑业	463.6	463.6
制造业	1566.6	—
交通运输和公共事业公司	825.0	786.5
运输		
铁路运输	22.9	22.9
本地和城际客运	18.7	18.7
卡车运输和仓储	126.0	126.0
水上运输	14.8	14.8
航空运输	93.0	93.0
其他运输	38.5	—
通信	281.1	281.1
电气、天然气和卫生服务	230.0	230.0

续表

行业	GDP 组成(10 亿美元)	与天气和气候有关的 GDP 组成(10 亿美元)
批发贸易	674.1	—
零售贸易	893.9	893.9
金融、保险、房地产	1936.2	379.1
安全和商品经纪	144.2	144.2
保险承保公司	167.7	167.7
保险代理,经纪人等服务	67.3	67.3
其他金融,保险,房地产	1557.1	—
服务	2164.6	261.2
酒店和其他住宿场所	86.5	86.5
汽车维修、泊车服务	93.9	93.9
休闲娱乐服务	80.8	80.8
所有其他服务	1903.4	—
联邦政府	387.0	—
州和地方政府	829.5	829.5
国内生产总值(GDP)	9872.9	3859.1
天气相关产值占 GDP	39.08%	

考虑到中、美两国经济行业的分类有较大差别，本研究采用德尔菲法定量估计了与天气和气候有关的我国 GDP。项目组广泛征求了来自中国社会科学院、中国科学院大学、清华大学、北京师范大学、上海师范大学及气象系统的多位专家的意见。由专家判断行业或行业细分领域的产值是否可能受天气和气候变化影响。如果可能，则相关产值百分之百判定为天气相关产值，反之则为零。汇总各行业天气相关产值后即可得到我国与天气和气候相关的行业总产值。

结果表明(表 2)，大约 41.26%的 GDP 与天气和气候有关。以 2021 年为例，GDP 为 114.4 万亿元，大约 47.20 万亿元与天气和气候有关。

表 2　我国与天气气候有关的行业产值统计

行业	GDP 组成(万亿元)	与天气和气候有关的 GDP 组成(万亿元)
农林牧渔业	8.14	8.14
农业	4.47	4.47
林业	0.37	0.37
牧业	2.51	2.51
渔业	0.79	0.79
工业	31.29	4.65
制造业	26.64	—
采矿业	2.54	2.54
电力、热力、燃气及水生产和供应业	2.11	2.11
建筑业	7.24	7.24
交通运输、仓储和邮政业	4.06	4.06
金融业	8.36	1.15
金融证券等	7.21	—
保险	1.15	1.15
房地产	7.34	7.34
批发和零售业	9.61	4.08
批发	5.53	—
零售贸易	4.08	4.08
住宿和餐饮业	1.52	1.52
其他	23.84	3.66
信息传输、软件和信息技术服务业	3.82	—

续表

行业	GDP组成(万亿元)	与天气和气候有关的GDP组成(万亿元)
租赁和商务服务业	3.24	—
旅游业	3.66	3.66
卫生和社会工作	2.62	—
科学研究和技术服务	2.23	—
其他	8.27	—
国内生产总值(GDP)	114.4	47.20
天气相关产值占GDP	41.26%	

注：表中数据来自中国统计局、各主要部委官网及相关研究报告的2021年各行业增加值。由于不同报告统计口径不一致，相关数据会有细微差别，但不影响整体判断。

附录 2 采用 Lazo 模型定量评估气象条件对我国 GDP 的贡献

一、Lazo 改进后的 C-D 模型(Lazo 模型)

C-D 生产函数是一种经典的宏观经济经验模型,被广泛采纳用于分析某一种要素对经济产出的影响。早期经典的 C-D 生产函数只考虑劳动投入量和资本投入量与产量之间的关系(公式(1)和公式(2))。在多年的研究实践中,众多学者对其进行了修正,加入了新变量来研究其他要素投入对产出的影响(公式(3)和公式(4))。但该模型仍存在一些缺陷,如无法捕捉投入要素之间的交互关系。为了更好地评估气象要素对经济产出的影响,拉佐(Lazo)[①]在上述模型的基础上加入了投入要素的二次项与交叉项(公式(5),Lazo 模型),以捕捉不同变量间的非线性关系、替代关系和协同关系,提高模型拟合的准确性。Lazo 的研究结果也得到了 NOAA、WMO 和世界银行等的广泛认可。

因此,本研究首先采用 Lazo 模型来定量评估气象要素对我国 GDP 的影响。

$$Q=AL^{\alpha}K^{1-\alpha} \tag{1}$$

$$\ln(Q)=\ln(A)+\alpha\ln(L)+\beta\ln(K) \tag{2}$$

式中,Q 为产出,L 为劳动投入量,K 为资本投入量,A 为影响经济产出的所有其他因子的共同作用,且 $A>0$,α 是劳动力产出的弹性系数,且 $0<\alpha<1$。将公式(1)两边自然对数线性化后得到公式(2)。

$$Q=AL^{\beta_L}K^{\beta_K}W^{\beta_W} \tag{3}$$

$$\ln(Q)=\ln(A)+\beta_L\ln(L)+\beta_K\ln(K)+\beta_W\ln(W) \tag{4}$$

式中,Q 为产出,L 为劳动投入量,K 为资本投入量,A 为影响经济产出的

---

① JEFFREY K. LAZO, MEGAN LAWSON, PETER H. LARSEN, et al. U. S. Economic Sensitivity to Weather Variability[J/OL]. Bulletin of the American Meteorological Society, 2011, 92(6): 709—720. DOI:10.1175/2011BAMS2928.1.

所有其他因子的共同作用，且 $A>0$。β_L、β_K、β_W 为弹性系数，分别为劳动 L、资本 K 和气象要素 W 对经济产出 Q 相应于解释变量变化的敏感性系数。具体来说，即当劳动和资本保持不变的情况下，β_W 为当气象要素变量发生 1%的变化时将引起的经济产出变量的百分比变化。将公式(3)两边自然对数线性化后得到公式(4)。

$$\begin{aligned}\ln(Q) = &\ln(A) + \beta_L \ln(L) + \beta_K \ln(K) + \sum_{i=1}^{n} \beta_{W_i} \ln(W_i) \\ &+ \frac{1}{2}\beta_{LL} \ln(L)\ln(L) + \frac{1}{2}\beta_{KK} \ln(K)\ln(K) + \frac{1}{2}\beta_{KL} \ln(K)\ln(L) \\ &+ \frac{1}{2}\sum_{i=1}^{n} \beta_{W_i} W_i \ln(W_i)\ln(W_i) + \frac{1}{2}\sum_{i=1}^{n} \beta_{W_i W_{i+1}} \ln(W_i)\ln(W_{i+1}) \end{aligned} \quad (5)$$

式中，Q、L、K、A 及 β 系数含义同上。W_i($i=1,2,\cdots,n$)代表选取的不同气象要素，如温度指标、降水指标等具体指标。

二、研究指标的选取

在气象要素指标方面，参考 Lazo 的研究，本研究主要采用温度(供暖日指数 HDD、制冷日指数 CDD①)和降水(年总降水 P_{tota}、年降水标准差 P_{st})这两大类 4 个分气象要素指标(公式(6))。具体的，本研究选取 1987—2020 年共 34 年的 31 个省(自治区、直辖市)2600 个站点的日气温、月降水及每日日照数据。气象原始数据量超过 5000 万条。

$$\begin{aligned} \mathrm{CDD} &= \sum_{i=1}^{365} (T_{mean(i)} - 18) \\ \mathrm{HDD} &= \sum_{i=1}^{365} (18 - T_{mean(i)}) \end{aligned} \quad (6)$$

在经济要素指标方面，本研究选取 1998—2020 年共 23 年 31 个省(自

① 供暖日指数 HDD 表示假设当温度低于 18 ℃便立刻供暖以保持温度处于经营活动最舒适的区间，HDD 即一年内日均温度累计低于 18 ℃的温度累积值。制冷日指数 CDD 表示当温度高于 18 ℃时便立刻制冷降温以保持温度始终处于经营活动最舒适的区间，CDD 即一年内日均温度累计高于 18 ℃的温度累积值。

治区、直辖市)8个行业[①]的GDP、年末在岗就业人数、固定资产投资作为经济变量,经济数据样本容量高达17112条。同时,为了尽可能消除物价变化和通货膨胀对经济数据的影响,本研究通过《中国统计年鉴》公布的消费者物价指数(CPI)对GDP、8个行业的行业产值及固定资产投入(K)按照当前购买力(购买力基准年为2020年)进行了折算。

三、模型拟合与验证

(一)模型参数估计与验证

基于Lazo模型,本研究对1998—2020年共23年的31个省(自治区、直辖市)8个行业的经济气象数据建立面板固定效应模型,得到分行业的模型参数估计值(表1)。

表1 天气气象条件(主要指温度和降水)对不同行业模型参数估计值

变量名称	农林牧渔业	房地产业	工业	建筑业	交通运输业	金融保险业	批发和零售业	住宿和餐饮业
K	0.06**	0.64***	0.76***	0.35***	0.44***	0.06	0.64***	0.34***
L	−0.51***	0.25*	−0.27*	1.31**	−0.31***	3.79***	−0.19*	0.22**
HDD	−2.18**	−4.14**	−0.53	−5.10**	−0.72	0.18	−2.69	2.79
CDD	−2.16***	−4.43***	−0.68	−5.04**	−0.73	−2.09	−2.49	2.39
P_{tota}	−0.30	−0.32	0.79	−1.87	−0.45	−0.99	−4.22	−2.55
P_{st}	−0.14	0.84	1.21	0.19	1.18	−0.74	3.65**	1.46
K×K	0.01***	−0.01	0.01	0.03***	0.01	0.03***	−0.01	0.03***
L×L	0.01	0.09***	0.10***	0.02	0.07***	−0.38***	0.09***	0.11***
K×L	0.06***	−0.02	−0.05***	−0.14***	0.00	0.02	−0.01	−0.07***
HDD^2	0.03	0.03	0.03	0.10*	0.03	−0.08	−0.02	−0.07*
CDD^2	−0.01	0.07***	0.04***	0.09***	0.02	0.05*	0.06***	0.03
${P_{tota}}^2$	−0.08	0.15	0.17	−0.09	0.13	0.09	0.19	0.32*
$P_{st}\times P_{st}$	0.06	0.19	0.15	0.37*	0.01	0.27	0.38**	0.39***

① 8个行业分别为农林牧渔业、房地产业、工业、建筑业、交通运输业、金融保险业、批发和零售业、住宿和餐饮业。

续表

变量名称	农林牧渔业	房地产业	工业	建筑业	交通运输业	金融保险业	批发和零售业	住宿和餐饮业
HDD×CDD	0.19**	0.48***	0.15	0.29	0.07	0.11	0.19	−0.36**
HDD×Ptota	0.08	−0.01	−0.11	0.25	−0.03	−0.03	0.29*	0.04
HDD×Pst	−0.02	0.01	−0.04	0.02	−0.01	0.02	−0.19*	0.04
CDD×Ptota	0.10	−0.01	−0.14*	0.43**	−0.03	0.16	0.23*	0.12
CDD×LnPst	−0.05	0.03	0.04	−0.13	0.06	0.02	−0.19*	−0.04
P_{tota}×P_{st}	0.03	−0.37	−0.34*	−0.36	−0.22	−0.27	−0.57*	−0.69**
常数项	24.73***	31.83**	1.63	40.18*	8.24	8.34	28.87*	11.37
R-squared	0.98	0.97	0.98	0.84	0.96	0.92	0.94	0.94

注：***代表通过小于1%的显著性检验，**代表通过小于5%的显著性检验，*代表通过小于10%的显著性检验。

模型分别验证后发现，模拟 GDP 与真实 GDP 高度贴近，说明模型对各行业的经济产出具有良好的拟合能力。

（二）贡献率评估

在此基础上，将 C-D 生产函数模型中的固定资产投资（K）及年末在岗就业人数（L）固定到各省（自治区、直辖市）2016—2020 年的均值。在假设经济投入、劳动力和技术水平不变的情况下（即设定为 2016—2020 年的平均水平），基于通过验证的模型参数估计值和 1987—2020 年共 34 年的历史天气数据，评估气象条件对我国 GDP 及各行业 GDP 的贡献率。

附录3　优化模型气象投入要素评估气象条件对农林牧渔业GDP的贡献

一、优化气象要素的选取

在评估气象条件对我国GDP贡献时，需要通盘考虑对8个行业都有所贡献的气象要素，因此在选取气象要素时，选取了具有广泛性和代表性的温度和降水。

考虑到经济活动不仅受温度和降水条件的影响，也深受其他气象要素的影响，因此，在具体评估对某一特定行业的影响时，本研究针对不同行业的特点尽可能选取对该行业影响较大的气象要素。就农林牧渔业而言，综合文献调研和专家意见，其主要受热量、水分和光能这三大气象条件的影响。结合相关性分析结果，本研究选取热量、水分、光能三大气象指标的5个分气象要素指标，来评估气象条件对农林牧渔业的影响。

1．热量指标

适宜的温度条件是保障农林牧渔业进行优质生产活动的基本环境条件。有关温度的常用指标较多，本研究主要选用积温指标。考虑到中国南北地区、东西地区的年均温存在较大差异，例如黑龙江、青海的年均温不足5 ℃，广东、广西、海南的年均温均超过了20 ℃（图1），加上农林牧渔业是温度敏感行业，而且各区域的农林牧渔业对于本区域的气候都存在着自适应的特征，各省（自治区、直辖市）农林牧渔业GDP主要集中在多年年均温的95％置信区间内（图1），因此本研究将各省（自治区、直辖市）的多年年均温作为本省（自治区、直辖市）的温度阈值。将一年内大于等于本省（自治区、直辖市）年均温的逐日日平均气温的总和定义为暖积温；将一年内小于本省（自治区、直辖市）年均温的逐日日平均气温的总和定义为冷积温。暖积温和冷积温反映的是本省温度偏离多年年均温、偏离多年气候特征的年度整体情况。

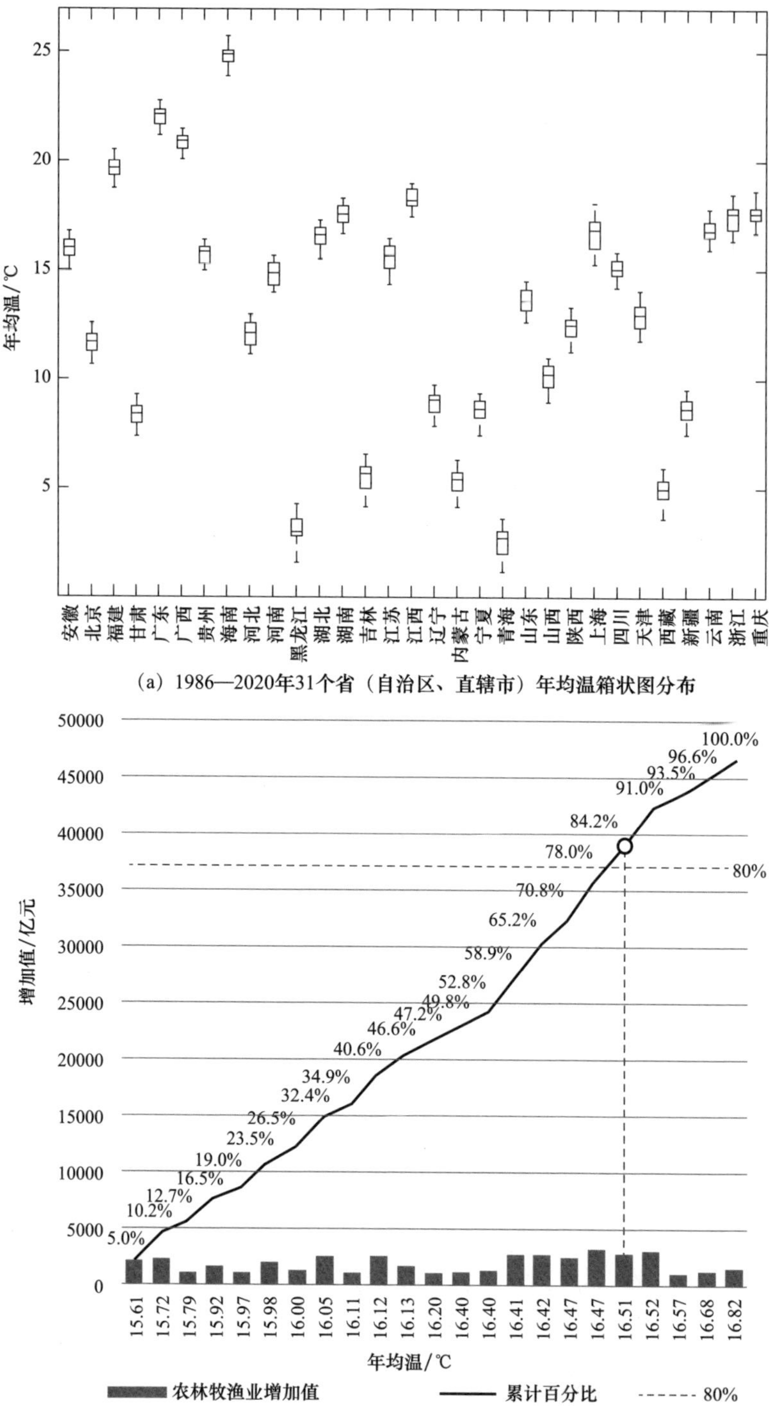

（a）1986—2020年31个省（自治区、直辖市）年均温箱状图分布

（b）不同年均温下的农林牧渔业增加值及累计值（以安徽省为例）

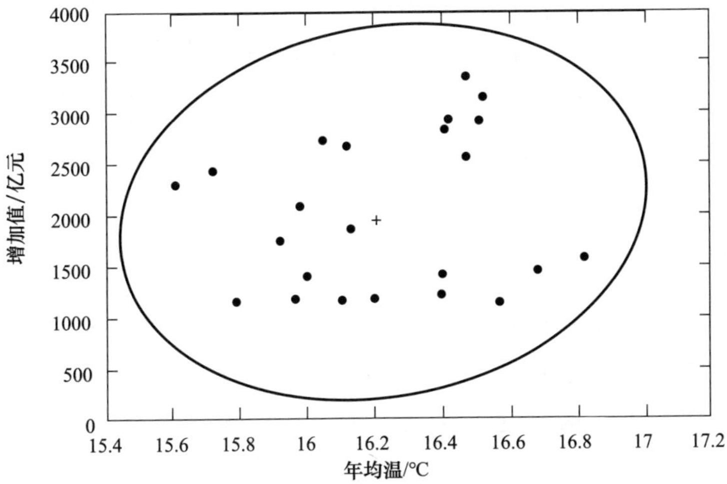

(c) 农林牧渔业产值95%置信区间对应的温度范围

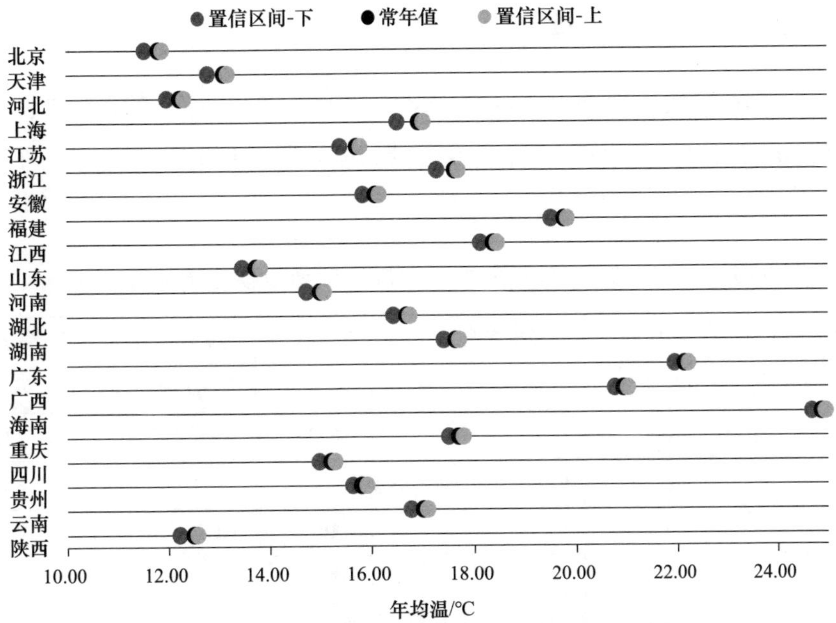

(d) 各省（自治区、直辖市）农林牧渔业GDP主要集中温度段分布

图 1　热量指标对农林牧渔业的影响

2. 水分指标

大气降水是农林牧渔业生产的主要来源，降水量及自然水体贮水量的多少决定了一个地区的农林牧渔业分布特征。水分常用的指标有年总

降水量、降水标准差、土壤湿度和有效水分储存量及湿润度（或干燥度）、水分盈亏（降水量与可能蒸散量之差）、蒸散差（可能蒸散量与实际蒸散量之差）、相对蒸散（实际蒸散量与可能蒸散量之比）等。考虑到农林牧渔业的通用性，本研究选取的水分指标主要为年总降水量和年降水量标准差。

3. 光能指标

光能是农林牧渔业生产最主要的能量来源。虽然部分农业生产可以通过人工调节提供光能，但对于林业、牧业以及渔业而言，主要依赖自然光能。光能常用指标主要有日照时数、日照百分率、太阳总辐射、光合有效辐射等。考虑到农林牧渔业的通用性，本研究选取的光能指标主要为年总日照时数。

二、模型拟合与验证

基于优化的气象要素指标，对1998—2020年共23年的31个省（自治区、直辖市）农林牧渔业的经济气象数据建立面板固定效应模型，得到了农林牧渔业模型参数估计值（表1）。

表1　1998—2020年气象条件对农林牧渔业模型参数估计值

变量名称	系数	变量名称	系数	变量名称	系数
K	0.0872***	K× L	0.0545***	HDD×SHH	0.0364
L	−0.4812***	HDD× HDD	0.8765***	CDD×P_{tota}	−0.4711
HDD	0.8097	CDD)×CDD	0.5698	CDD×P_{st}	0.3607
CDD	2.2006	P_{tota}×P_{tota}	−0.0149	CDD×SHH	0.7599
P_{tota}	−0.9669	P_{st}×P_{st}	0.0987	P_{tota}×P_{st}	−0.0863
P_{st}	1.4566	SHH×SHH	−0.4331	P_{tota}×SHH	0.3155
SHH	−0.6263	HDD×CDD	−2.0233***	P_{st}×SHH	−0.2396
K×K	0.0084***	HDD×P_{tota}	0.3479	常数项	0.0585
L×L	−0.0011	HDD×P_{st}	−0.3337	R-squared	0.981

注：***代表通过小于1%的显著性检验，**代表通过小于5%的显著性检验，*代表通过小于10%的显著性检验。

模型分别验证后发现模拟 GDP 与真实 GDP 高度贴近,说明模型对各省(自治区、直辖市)农林牧渔业的经济产出具有良好的拟合能力(图 2)。贡献率评估方法同上。

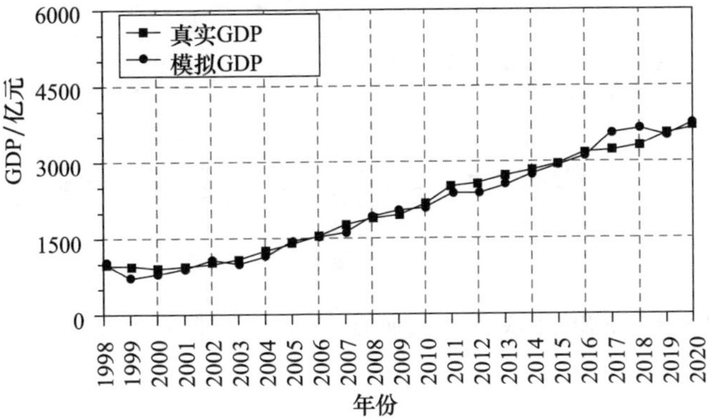

(a) 广西

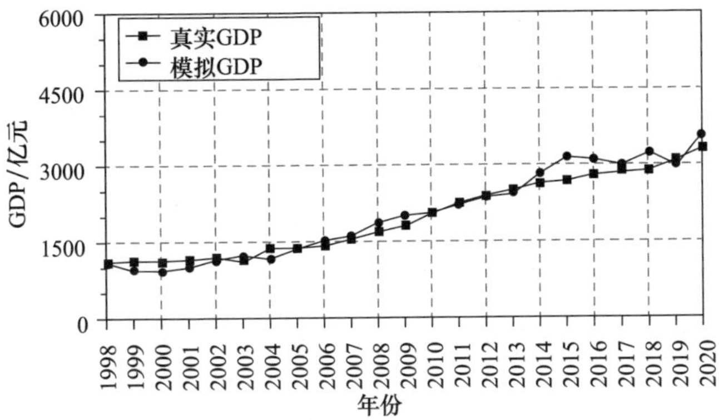

(b) 安徽

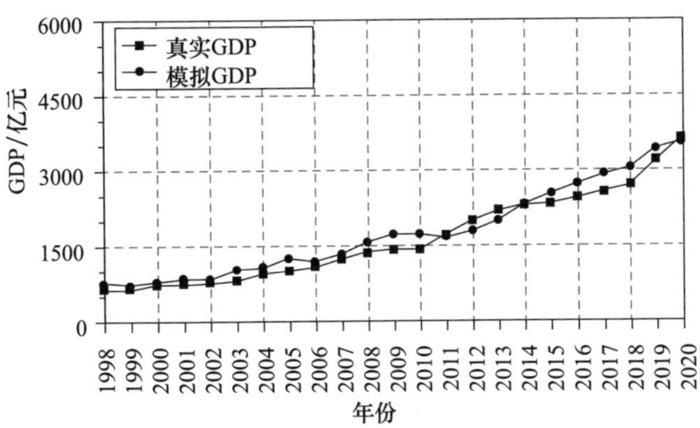

(c) 云南

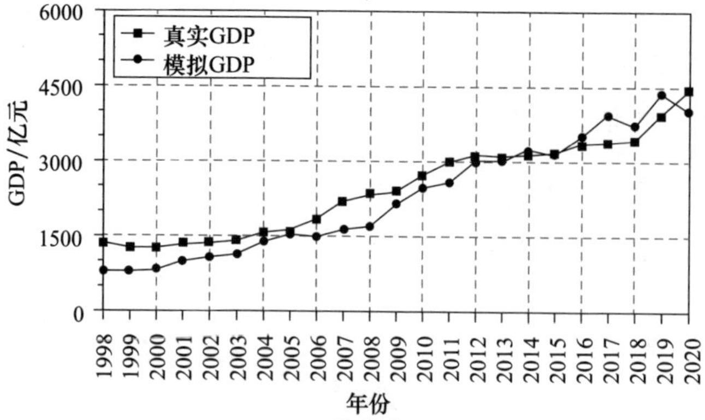

(d) 湖南

图 2　1998—2020 年农林牧渔业真实 GDP 与模拟 GDP 对比折线图

（来源:《咨询报告》2022 年第 6 期）

农业气象高质量发展面临的突出问题及对策建议*

摘要:农业气象是气象部门面向生产、面向行业开展最早、体系最完善的专业领域。农业气象高质量发展是气象高质量发展的重要内容,关系到保障国家粮食安全重大战略,是农业增产、农民增收、农村繁荣的重要支撑,更是气象服务经济高质量发展的重要体现。新中国成立以来,经过70多年的发展和实践,气象在服务农业生产、助力“三农”发展中做出了突出贡献,服务能力不断提升,体系日臻完善,服务领域持续拓展。但另一方面,随着粮食安全上升为国家战略、国家农业农村现代化进程不断加快、农业供给侧结构性改革深入推进,新的形势对农业气象提出了新需求和更高要求,农业气象高质量发展面临的问题和挑战与日俱增。为了更好地推进《气象高质量发展纲要(2022—2035年)》提出的“实施气象为农服务提质增效行动”的任务要求,研究组对标现代农业发展新趋势,对当前农业气象发展存在的突出问题进行深入分析,并提出相应的对策建议。

新中国成立之后,我国以苏联模式为蓝本建设农业气象业务体系,农业气象观测等基础能力快速提升,相继建立了农业气象监测站网,制定了农业气象观测技术方法,开展农业气象情报服务、特色农业气象服务等方面的工作,基础业务服务全面起步并形成一定规模。

自20世纪80年代起,农业气象业务服务体系逐步完善,系统开展

---

* 执笔人:张勇　王喆　吕丽莉　郝伊一

了农业气象监测预报、粮食产量气象预报、农业气候区划、农业气候资源利用、农业病虫害气象预报、农业气象适用技术研发及示范推广等工作，形成了大量实用的农业气象指标模型，培养了一大批农业气象专家。这一阶段农业气象与国家发展同频共振，能力大幅提升，取得了显著成绩。

2000 年以来，农业气象业务服务虽然取得了一定进展，但农业气象在业务布局和能力、服务手段和方式、管理机制和组织保障等方面与新需求和新要求的不适应性愈发凸显。这一阶段农业气象发展滞后于国家现代农业发展进程。

一、当前农业气象发展面临的问题与挑战

（一）农业气象发展动力不强

农业是长期性、基础性的产业，农业气象服务能力从形成、巩固、提升到做精做细同样需要打持久战。但各级气象部门在不同时期对农业气象服务的重视程度和要求不一。

一是顶层设计方面。在“十三五”“十四五”时期均未出台相关农业气象发展专项规划，期间出台的指导意见、实施方案、行动计划等多数也因为投入不足而没有得到有效实施。

二是投入力度方面。近年来，对基层气象为农服务投入支持力度锐减（如乡村振兴气象服务专项、观测与服务维持经费等），全国性或区域性重大业务建设项目少，农业气象指标方法研究、观测能力建设、业务服务平台建设等投入不足。

三是机构人员方面。全国产粮大省中仅有内蒙古、安徽、四川和江西等省设置了专门农业气象处级机构，大多数省（自治区、直辖市）仅由气候中心或气象科研所的科级机构承担主要职责。基层气象部门农业气象服务专职人员数量缩减严重，800 个产粮大县中绝大多数都没有农业气象服务专职人员，以兼职为主。目前虽然形成了由 8 位全国首席服务专家、百余位正研级高工、千余位高工为主组成的农业气象专业队伍，但是缺乏农

业气象高层次应用型人才和基层青年后备人才，尤其是青年人才断层问题严重，大批正研级高工面临退休，一些关键岗位的青年人才却接续不上。

四是学科建设方面。目前，很多高校已将农业气象专业更名为应用气象专业，农学类专业课程大幅度减少，毕业生基础不扎实，这也是近年来各级气象部门农业气象专业人才成长缓慢特别是基层能力不强的主要因素之一。

（二）农业气象观测基础较弱

一是观测站网亟待优化。现有的653个农业气象观测站网布局是2009年根据当时国家农业布局和农业气象业务需求制定的，随着国家农业生产布局和种植结构的不断优化，当前观测布局结构的不合理性逐渐显现。一些农业气象观测站因生产转型、城市发展、种植面积缩小等原因失去代表性，一些农业气象观测站则随着种植结构调整和种植规模的增加而观测覆盖不足。

二是观测自动化进程缓慢。除常规气象要素和土壤水分实现自动化观测外，其他农业气象观测包括作物、植被、物候观测等依然停留在人工观测阶段，与气象高质量发展的要求和需求不相适应。

三是观测数据质量管理有待加强。各地根据地方服务需求自建的农业气象观测站点缺乏统一管理，观测数据的可靠性、可用性较低，尚未纳入国家业务系统。全国2400多个自动土壤水分站多数已超过设备使用期限，且部分维护不到位、监测数据不准确。

（三）农业气象服务供给不足

面向农业高产、高效、绿色、优质的发展方向，当前气象服务的多样性、深度和广度不足，难以满足现代农业的发展需求。

一是面向全球粮食安全的气象服务能力不足。尚未形成全球粮食主产区定期评估业务机制，无法及时跟踪了解气象条件变化对全球农业生产影响和我国粮食安全影响的最新进展。面向种业振兴的气象服务还处于发展初期，能力亟待提高。

二是对现代农业涌现出的新需求服务保障不足。与小麦、水稻等大宗粮食作物的气象服务保障相比，对油料、糖料、经济作物等的精细服务相对薄弱。与为农“避害”相比，精准灌溉、绿色施肥、提质增产等“趋利”服务相对薄弱。面向大豆—玉米带状复合种植等大宗农作物新型种植技术的气象服务不够有力。农业保险气象服务能力和水平与国家要求相差甚远。

三是面向新型经营主体的气象服务精准性不够。对于新型经营主体的服务多限于手机短信、微信公众号等进行推送，未实现基于需求定制化的全覆盖服务。服务产品同质化严重，“一县一品”“一乡一业”的特色农业气象服务针对性不足，常用简单的农业气象监测预报产品代替农业气象服务产品。

四是农业气候区划资料老旧。1985年，历时6年完成我国农业气候资源普查、农业气候区划后，全国再未进行过系统的农业气候资源普查。随着气候变化进程的加快及我国农业的快速发展，旧有的农业气候区划已经无法满足提高气候资源利用率和气候生产力的指导功能需求。

（四）农业气象创新驱动乏力

一是基础研究投入不足。缺乏持续性的农业气象研究项目和保障资金支持，可申请的农业气象相关科研项目与气象其他领域相比非常有限。

二是科研成果转化指导不够。科研与业务“两张皮”现象严重，研究人员从部门外（如农业农村部、自然科学基金委等）申请的农业气象科研项目在研究目标与业务应用需求的对接上还有较大距离，缺乏长期有效的转化途径。

三是农试站发展参差不齐。中国气象局对农试站的管理和业务指导不到位，试验研究业务和服务能力明显弱化，与现代农业相适应的农业气象基础指标和农业气象适用技术试验研究长期没有新突破。部分农试站试验条件差、试验用地缺乏、实验仪器短缺、试验设施陈旧。业务维持经费不足，争取地方项目和经费不多，缺乏稳定的科研经费支持。

(五)农业气象制度机制不健全

一是业务布局不合理。农业气象业务布局集约不够,业务分工边界不清,“自成体系、各自全能、交叉重叠”,国、省“上下一般粗”,市县特色化、本地化应用能力不足。

二是业务考核制度不完善。各级气象部门服务进村入户不多或流于形式,对农业气象服务人员深入田间地头的考核和要求不够,导致其对现代农业的创新发展跟踪理解不到位,服务不接地气。

三是部门对接融入不够。针对农业相关国家重大规划和高标准农田建设等重大工程亦缺乏相应的对接和融入,没有实现借力发展。

四是多元供给格局还未建立。气象部门事业单位有限服务能力难以满足现代农业个性化、精细化的服务需求,多元供给的农业气象服务结构还未形成,社会化服务的良好生态仍未建立。

二、新时期加快农业气象高质量发展的建议

针对上述问题,气象部门要真正坚持并落实保障国家粮食安全重中之重的战略定位,深化对发展农业气象重要性和紧迫性的认识,夯实农业气象业务基础能力,创新农业气象服务体制机制,强化农业气象科技人才支撑和发展保障能力,推动农业气象高质量发展。

(一)加大农业气象发展支持力度

加强组织领导,从顶层设计、项目建设、机构设置、人才政策等方面全方位谋划,营造支持农业气象发展的环境。一是制定新时期农业气象高质量发展专项规划,确立指导思想和发展导向,设立未来5～10年的中长期发展目标,明确完善业务体系、提升服务能力的任务举措。二是以落实《气象高质量发展纲要(2022—2035年)》等国家重大战略要求为契机,围绕保障国家粮食安全提升气象保障服务能力谋划重大工程。强化与国家发展改革委、农业农村部重大农业工程建设项目的对接融入,推动将农业气象基础能力建设纳入高标准农田建设、粮食等重要农产品安全保障工

程等。三是强化国家级和省级农业气象服务机构队伍建设，鼓励农业大省成立农业气象地方处级机构，有条件的地市建立省级农业气象服务分中心；在粮食主产县设立农业气象服务专职岗位；组建分作物类别的技术专家队伍和保障国家粮食安全的国家级创新团队。四是强化新时代农业气象人才工作整体谋划，加强农业气象高层次应用型人才和基层青年后备人才培养，吸引青年人从事农业气象工作，以农业气象人才需求的提升带动农业气象学科建设以及专业人才培养。

（二）夯实农业气象观测基础能力

一是尽快组织开展全国农业气象观测站网需求调研，根据最新的调研成果以及作物分布、面积和产量的变化，制定观测站网和观测项目优化调整实施方案，分阶段分步骤组织开展调整工作，提升站点的代表性和均一性。二是依托“十四五”气象重大工程，在全国组织开展作物观测、植被观测、小气候观测和物候观测等领域的观测自动化工程建设，基本实现农业“四情”（苗情、墒情、灾情和病虫情）和农事活动的自动观测、智能识别、主动预警。三是面向全国自建农业气象观测设备出台观测数据和传输流程标准规范。

（三）提升农业气象服务供给质量

一是开展农业气象服务供给侧改革，清理农业气象“僵尸”产品和无用产品，增加有效有用供给，建立核心产品清单制度，构建以用户效益反馈、动态评估为导向的农业气象产品准入退出机制。二是建立和完善全球粮食安全气象风险监测预警系统，联合农业农村部、商务部、海关总署等部委，探索形成全球农产品生产与供给消费平衡战略性预报能力。三是发展农业气象保险，组建农业气象保险业务技术研究创新团队，联合银保监会、农业农村部等多部门成立农业气象保险专家委员会，发展农业气象灾害定损、天气指数保险产品设计技术。四是开展新型经营主体的需求调研，建立面向新型经营主体的服务清单，明确服务优先级并建立服务清单动态更新机制，通过对新型经营主体建立直通式、定制化、信息化、全覆盖服务，带动对小农户的气象服务。五是做实、做强全国特色农业气象服务中心，积极争取农业农村部作为联合创建单位在政策、资金、项目上的支持，充分发挥特色农业气象服务中心对周边甚至全国的辐射带动作用。在数字田园、数字灌区、智慧农场等现代农业发展核心区建立智慧农业气象服务基地。六是组织开展新一轮全国农业气候资源精细化普查和全国农业气候区划，为优化站网布局、提高气候利用率和因地制宜的服务能力打下坚实基础。

（四）强化农业气象创新驱动引领

一是与农业农村部、科技部、自然科学基金委等加强沟通协调，在各类研究基金项目指南中提出与提升农业气象业务能力密切相关的科研项目建议；在中国气象局创新发展专项中考虑设立长期研究基金。二是依托国家现代农业产业园、科技园和创业园，探索建设若干现代农业气象科技创新基地，建立产学研用协同创新机制，引导和利用农业企事业单位、高校、科研机构的优势资源，联合开展农业气象技术创新。三是切实将农试站打造成为农业气象科技研发、中试和推广应用的平台。建立国家级农试站"双重"管理机制，原则上其业务科研任务由中国气象局制定，省级气象部门负责具体建设和业务任务的组织实施；加大农试站基础设施、配套实验设备建设和业务维持的投入力度；建立国家级农试站定期考评制度，建立筛选晋级、淘汰降级的管理机制。

（五）完善农业气象业务服务运行机制

一是建立"气象＋现代农业"的融入式发展机制，在中国气象局层面推进与农业农村部等部委在政策措施、建设项目等方面的深入合作，促进各级气象部门与涉农部门数据融入、产品融入、机制融入、项目融入。二是适应国家农业生产布局结构，明确不同区域、省农业气象服务重点，因地制宜地予以支持。结合新型业务技术体制改革和农业气象队伍现状，调整优化农业气象业务服务布局。三是探索组建中国气象局层面的农业气象服务公司，形成"观测设备＋信息服务＋方案解决"一体化农业气象服务模式，参与精细化、个性化农业气象服务市场竞争。四是建立农业气象观测、田间调查、入户调研、数据共享、信息服务、用户成效评价等系列业务考核制度，将考核结果与干部考核、人才评定、职称评定等手段挂钩，并适度加大对部门内外从事农业气象服务的人员在宣传报道、表彰奖励、职称评审中的倾斜力度。

（来源：《咨询报告》2022 年第 8 期）

关于加强中国气象局在我国数值预报发展中牵头主导作用的建议*

摘要：作为国务院气象主管机构，中国气象局应在我国数值预报发展中发挥牵头主导作用。但目前，在全国数值预报重要基础设施建设、国家科研项目管理、研发力量组织等方面，中国气象局的牵头主导作用并未得到充分发挥。从我国国情出发，借鉴国际经验，建议在整合内部资源、增强自身实力的同时，要"谋大局、强人才、抓项目、建平台、促合作"，多措并举，强化中国气象局在我国数值预报发展中的牵头主导作用。具体措施包括：一是借鉴航天工程经验，谋划以新型举国体制推进地球系统数值预报模式发展；二是着力培养数值预报领域的院士级战略科学家；三是深化与科技部、自然科学基金委员会等国家科技主管部门的合作，加强对数值预报科研业务项目的统筹管理；四是建设开放研发平台，吸引整合国内外数值预报科研资源；五是本着"优势互补、强强合作"的原则，深化与中国科学院的战略合作。

当前，中国气象局、中国科学院、高校和部队等都在发展数值预报，在人才、设施、资金、应用和决策参与度等方面各有所长，但重复建设、无序竞争、自主创新能力弱等问题仍然存在，导致国家总投入不低但成效不及预期，与地球系统数值预报模式对多学科融合和多主体合作的新形势不相适应。数值预报的业务技术特点和国际经验表明，充分发挥政府气象

* 执笔人：唐伟　周勇　李欣　申丹娜　肖芳　郝伊一　张滨冰

部门的牵头主导作用有助于解决上述问题。

一、中国气象局在我国数值预报发展中的牵头主导作用亟待加强

在数值预报基础设施建设、科研项目管理、人才队伍组织等方面，气象部门尚未充分发挥牵头主导作用，难以满足气象高质量发展需求。

一是缺乏数值预报重要基础设施建设的主导权。国家“十二五”重大科技基础设施建设项目“地球系统数值模拟装置”总投资约 12.5 亿元，项目建设法人是中国科学院大气物理研究所，清华大学为共建单位。该装置于 2021 年建成，计划 2022 年验收，这意味着近几年再向国家争取大笔资金用于地球系统基础设施建设的难度很大，中国气象局短期内仍将难以获得主导权。

二是缺少数值预报领域国家科研项目的主导能力。据统计，2016—2020 年，科技部“国家重点研发计划”年度项目，在“地球系统模式研发、预测和预估”研究方向上共支持了 18 个项目，总经费近 3 亿元（详见附录 1）。其中，中国气象局只有国家气候中心承担了 1 个项目，经费不足总额的十分之一。无论从项目数量、经费，还是在研究方向的选择上，中国气象局都不占主导地位。

三是缺失对部门外数值预报研发团队的组织能力。目前，我国数值预报研发人才总量不足、力量分散等问题非常突出。以第六次国际耦合模式比较计划（CMIP6）为例，我国共有 9 个单位的 12 个模式（含中国台湾）参加，数量居世界第一，但大都是引进国外模式系统再加以改进（详见附录 2）。这表明国内数值预报研发团队缺乏有效的组织协调，气象部门外的大多数团队把精力放在了外国模式的改进应用上，对提高我国自主研发模式技术水平的直接贡献有限。

二、欧美国家的做法和经验

在推动数值预报模式发展上，欧美国家采取了一些政策措施，有效地

促进了政产学研用的结合，值得学习借鉴。

(一)组建跨部门协调机构

欧洲组建了 EC-Earth 联盟，由来自 12 个欧洲国家的 30 个研究机构共同合作开发 EC-Earth 地球系统模式。目前，EC-Earth 模式已发展到第四版，被公认为是国际先进模式之一。美国于 2017 年颁布了天气研究与创新法案，成立了开放型研发中心——地球预测创新中心(EPIC)，将其主要目标定在建立全球领先的数值预报业务模式上。地球预测创新中心采用新型运行机制，由美国国家海洋和大气管理局(NOAA)代表政府承担协调责任，但并不直接干预地球预测创新中心的运营。地球预测创新中心从运行管理到技术研发，都是通过招标方式进行，研究机构、院校、企业都可以参与相关项目的竞标。

(二)激发科技人才创造性

欧洲中期天气预报中心的用人机制非常灵活，一是从主任到一般的技术人员均实行聘用制，并从全球吸引访问学者参与合作研发，使新技术、新思想、新员工得到不断补充更新；二是建立合理的人员结构，模式研发与工程技术支撑人员的比例达到 2：1，为模式研发人员提供了方便快捷的支撑环境，提高了模式创新效率；三是提供较高的待遇和宽松的工作环境，欧洲中期天气预报中心员工收入是欧盟国家平均收入的 3～8 倍。美国国家海洋和大气管理局主要通过组织社区论坛促进科研人员、业务人员和用户间的交流，并把健全对模式开发人员的奖励体系列入气候模式发展的相关国家战略。

(三)加强项目资源整合与重组

欧盟从 2021 年起开始资助两项新的地球系统模式研发项目：“未来的地球系统模式(ESM2025)”项目和“新一代地球系统模式(Next-GEMS)”项目。前者由法国气象局牵头，来自 8 个国家的 20 多个机构参与，后者由德国马克斯·普朗克气象研究所牵头，来自 14 个国家的 27 个机构参与(详见附录 3)。

在英国政府的支持下，由英国气象局负责支配英国自然环境研究理事会（NERC）数值预报研究领域的基金，使其能够根据业务发展需求，联合大学、研究所等科研机构的专家开展数值预报基础研究和技术开发，基本做到了数值预报模式研发“全国一盘棋”。

美国国家海洋和大气管理局正在借助其下一代全球数值预报模式（NGGPS）研发计划，引导行业协同联合攻关，推动以业务应用为主导，政产学研协同开展数值预报研发。

总体而言，国际数值预报研发资源整合重组趋势显著，力度加大。

（四）建立开放式研发平台

欧盟牵头组织了欧洲多国的 22 个研究机构，共同建设了欧洲地球系统建模网络（ENES）。2009—2022 年，累计投资已达 31.65 亿欧元（约合人民币 230 亿元）[①]。欧洲地球系统建模网络通过开发和共享模型组件、建模工具和数据基础设施，增强建模社区凝聚力，促进创新，并为 EC-Earth 模式系统的研发提供计算资源和数据资源等支撑。欧洲中期天气预报中心（ECMWF）在其中发挥核心作用。

由美国国家科学基金会（NSF）投资，美国国家大气研究中心（NCAR）建设了通用地球系统模式（CESM），通过向全球开放，吸引了政府、大学、研究机构、企业、社会组织和个人的广泛参与，具有较大的全球影响力。同时，美国国家海洋和大气管理局已采用面向社区开放的机制来开发其下一代数值预报业务系统——统一预报系统（UFS）。UFS 采用“集装箱”式的系统架构，提供包括通用社区物理包（CCPP）、NOAA 环境建模系统（NEMS）、地球系统建模框架（ESMF）、地球预测系统社区耦合器（CMEPS）、数据同化集成联合体（JEDI）、统一后处理器（UPP）等一整套开放研发平台。

此外，欧美国家还基于开放式平台提供开源代码和友好的用户支持。欧洲中期天气预报中心的集成预报系统（IFS）起初对外开放的只有一个

① 包括实际已投资额和计划投资额。

开源版本 OpenIFS，且仅提供给其成员国的气象研究机构使用。2020 年 6 月，欧洲中期天气预报中心为了加强合作、提高效率、增强 IFS 系统的可扩展性，开始通过 GitHub[①] 平台逐步开放 IFS 代码。随着部分代码的开源，欧洲中期天气预报中心提议各成员国全面评估开放效益，以促进 IFS 系统的最终全面开放。同时，欧洲中期天气预报中心一贯重视用户支持，为合作研发者提供了大量规范、实用的软件开发帮助信息和用户手册。

自 2014 年以来，美国国家海洋和大气管理局的 UFS 系统逐步从内部研发模式转向开放式的社区模式。目前，其天气应用软件和所有的基础设施包代码库都已完全开放，而且通过 UFS 网站和 GitHub 网站提供了内容广泛的用户支持文档。此外，UFS 系统还建有一个配套的社区论坛，用于所有开发者相互提出和解答问题、访问最新版本以及报错。

三、建议措施

要实现气象高质量发展，解决我国数值预报发展“小而散”的问题，必须加强中国气象局的牵头主导作用。一方面，要落实发展规划、完善工作机制、整合内部资源、提升自身实力。中国气象局自 2021 年组建地球系统数值预报中心以来，多措并举，通过“强内功”来“促提升”，取得了显著的成效。另一方面，要真正做到全国数值预报统筹发展，需要“谋大局、强人才、抓项目、建平台、促合作”，多措并举，主动适应多学科融合、多主体参与的新趋势。这就不能仅靠气象部门一家力量，而是必须建立国家层面的统筹发展机制。为此，建议中国气象局向国家领导呈文，阐明数值预报模式对于国家发展与安全的重要性和紧迫性，明确中国气象局作为国务院气象主管机构在数值预报发展中的牵头主导作用，并提出推进地球系统数值预报模式发展的具体举措建议。

① GitHub 是一个面向开源及私有软件项目的托管平台，2008 年 4 月 10 日正式上线运行，2018 年 6 月 4 日被美国微软公司收购。

（一）谋大局：以新型举国体制推进地球系统数值预报模式发展

新型举国体制是指以国家利益为最高目标，动员和调配全国有关的力量，充分发挥市场在资源配置中的决定性作用以及更好地发挥政府作用，集中力量办大事的一种创新工作体系和运行机制。载人航天领域的嫦娥工程被习近平总书记称为“是发挥新型举国体制优势攻坚克难取得的又一重大成就”，建议借鉴其成功经验，提出以新型举国体制推进地球系统数值预报模式发展的战略构想，推动建立国家层面的跨部门数值预报统筹发展机制，加快气象数字化转型、形成气象科技创新产业链、深化气象科技创新体制机制改革等。

（二）强人才：着力培养数值预报领域的院士级战略科学家

人才是第一资源。2022 年，中国气象局印发了《关于加强和改进新时代气象人才工作的实施意见》和《气象人才发展规划（2022—2035 年）》，已经对培养气象领军人才和青年人才、集聚全球高端气象人才等作出了全面部署，应深入贯彻落实。就地球系统数值预报领域而言，要作为全国领军人或者牵头人，不仅要有顶尖的学术水平，还要有极强的大兵团组织领导能力，更要有超强的前瞻性、判断力和跨学科理解能力。因此，建议中国气象局及早物色重点培养对象，在学术交流、项目组织、资金使用、表彰奖励、职称评审等多方面提供机会、创造条件，着力培养数值预报领域的院士级战略科学家，使其具备主持国家重大战略性工程的能力。

（三）抓项目：加强对数值预报科研和业务项目的统筹管理

加强对科研和业务项目的统筹管理，是凝聚科研力量、共同推动我国数值预报高质量发展的最有效方式之一。一方面，要提高对科研项目的引导。进一步深化中国气象局与科技部、自然科学基金委员会等国家科技主管部门的合作，增强在国家项目管理中的话语权，力争把我国数值预报发展中遇到的关键科技问题列入国家科技项目申报指南，并尽可能多地选派专家和干部参与项目评审工作。另一方面，要谋划申报国家重大战略工程项目。地球系统数值预报模式研发难度大、投入大、周期长，依赖多学科融合和多主体参与，只有得到国家重大工程项目投资，才能有效组织起全国科研力量。因此，建议尽快组建设计团队，开展地球系统数值预报模式领域国家重大战略工程的前期研究和申报准备工作。

（四）建平台：建设开放研发平台，吸引整合国内外数值预报科研资源

发展数值预报是一项复杂的系统工程，急功近利、急于求成不利于从根本上提高我国的数值预报水平，需要扎扎实实把基础打牢。数值预报模式研发需要处理大规模数据，研发门槛高。缺少自主的开放研发平台，就会使部门外的大量科研人员无法参与合作开发，或是"投向"国外平台。国际经验也表明，开放研发平台是汇集多方资源协同创新的必要载体，是必不可少的基础设施。建设开放研发平台，既要考虑如何"建起来"，也要考虑如何"用起来"，因此，提出 4 个方面的建议。(1)把建设数值预报开放创新平台作为气象高质量发展的重要任务来抓，并同步启动编制平台开发和使用相关的标准规范。(2)在安全前提下，先面向合作伙伴、再面向社会，有序推进数值预报模式代码开源开放。(3)通过平台为合作者提供可靠、灵活、通用的模式代码包、数据环境和计算资源，并辅以高质量的辅助开发文档和用户文档。(4)完善激励机制，基于平台设立研发项目、组织创新竞赛、开具成果转化证明，吸引投资者与合作开发者，提升平台价值。

（五）促合作：本着"优势互补、强强合作"的原则，深化与中国科学院的战略合作

以"优势互补、强强合作"为原则，深化与中国科学院的战略合作，因此，提出 3 个方面的建议。(1)采用"以数据换算力"的方式，促进与中国科学院共享共用重要基础设施。中国气象局具有业务数据优势，中国科学院具有科研算力优势。中国气象局要基于数据开展科学研究，可以依靠中国科学院弥补算力资源的不足；中国科学院要发挥地球模拟器应用效益，可以依靠中国气象局提供数据支持。通过向中国科学院提供数据，换取算力资源，可以实现"双赢"。(2)共同组织地球系统数值预报模式发展论坛，促进数值预报国际交流。通过定期组织发展论坛，及时了解国际动态，广泛交流科研进展和业务需求，促进业务部门、科研机构与模式用户间进行更加紧密、协调的联系与互动。(3)联合开展地球系统数值预报模式重大工程筹备工作。鉴于国家重大工程审批建设周期长、信息技术设备更新快的特点，为满足地球系统数值预报模式未来发展需求，应尽早启动新工程筹备工作。站在国家高度，中国气象局与中国科学院联合申报有助于兼顾业务与科研需求，避免重复建设；站在部门立场，联合申报项目可以避免两个部门间的无序竞争，并有望得到国家更大程度的支持。

附录 1　国家重点研发计划中数值预报模式研发项目统计(2016—2020 年)

附录 2　我国参加第六次国际耦合模式比较计划(CMIP6)模式系统概况

附录 3　欧盟资助的两项新一代地球系统模式开发项目概况

附录 1　国家重点研发计划中数值预报模式研发项目统计(2016—2020 年)

根据科技部国家重点研发计划“全球变化及应对”专项年度项目申报指南和拟立项项目公示清单,2016—2020 年,国家重点研发计划共支持了 18 个“地球系统模式研发、预测和预估”方向的项目,年均支持项目数 3.6 个;总经费近 3 亿元,年均资助经费近 6000 万元(图 1)。

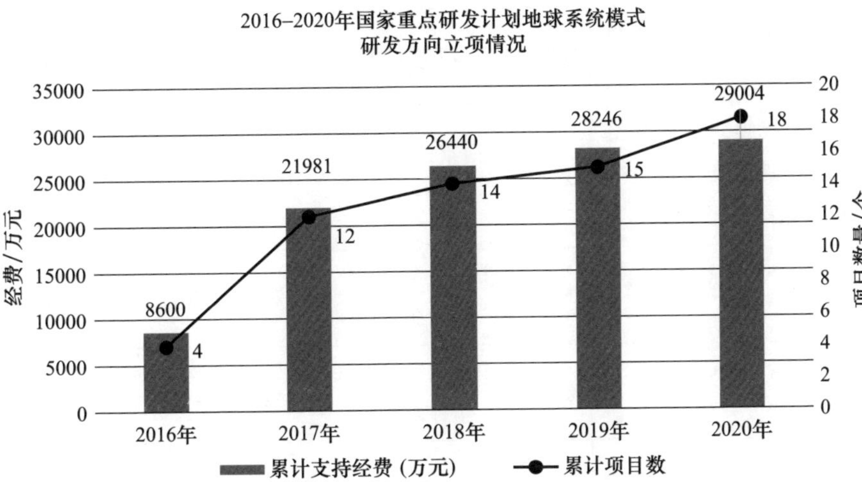

图 1　2016—2020 年国家重点研发计划中地球系统模式研发方向的累计立项数量和资助经费

被资助单位分布在科研院所、高校、气象部门和自然资源部(表 1),具体包括:中国科学院大气物理研究所(4 个项目)、清华大学(6 个项目)、南京信息工程大学(3 个项目)、中山大学(3 个项目)、中国气象局(1 个项目)、自然资源部(1 个项目)。

表 1　2016—2020 年国家重点研发计划中地球系统模式研发方向项目的资助情况

序号	项目名称	负责人	依托单位	经费（万元）	立项时间（年）	专项项目
1	全球高精度大气化学模式研发及大气污染控制	王自发	中国科学院大气物理研究所	—[1)]	2020	全球变化及应对
2	大数据与深度学习方法创新地球系统模式发展及应用研究	罗京佳	南京信息工程大学	758	2020	全球变化及应对
3	发展通用的地球系统模式高效并行计算框架	黄小猛	清华大学	—	2020	全球变化及应对
4	地球系统模式中的气溶胶模式研发及气溶胶气候效应评估	廖宏	南京信息工程大学	1806	2019	全球变化及应对
5	高分辨率海冰模式的研发	刘骥平	中国科学院大气物理研究所	2217	2018	全球变化及应对
6	高分辨率区域地球系统模式的研发及应用	杨宗良	中国科学院大气物理研究所	2242	2018	全球变化及应对
7	地球系统模式新型高分辨率网格系统研制及应用	徐世明	清华大学	1078	2017	全球变化及应对
8	高分辨率全球气候模式大气物理过程参数化研发和应用	张广俊	清华大学	2287	2017	全球变化及应对
9	高分辨率海洋模式关键物理过程参数化方案的研发	董昌明	南京信息工程大学	2266	2017	全球变化及应对
10	高影响海—气环境事件预报模式的高分辨率海洋资料同化系统研发	唐佑民	国家海洋局第二海洋研究所[2)]	1454	2017	全球变化及应对

续表

序号	项目名称	负责人	依托单位	经费（万元）	立项时间（年）	专项项目
11	高分辨率全球陆面过程模式研发与应用	戴永久	中山大学	1798	2017	全球变化及应对
12	“人—地”耦合的高精度全球土地利用演变模拟及应用	黎夏	中山大学	1375	2017	全球变化及应对
13	地球系统模式公共软件平台研发	陈文光	清华大学	2151	2017	全球变化及应对
14	地球系统模式各分量模式及其耦合评估体系的发展与应用	骆亦其	无锡恒鼎超级计算中心有限公司3)	972	2017	全球变化及应对
15	地球系统模式的改进、应用开发和高性能计算	张明华	中国科学院大气物理研究所	3000	2016	高性能计算4)
16	基于高分辨率气候系统模式的无缝隙气候预测系统研制与评估	吴统文	国家气候中心	2800	2016	全球变化及应对
17	大规模多模式多过程地球系统模式耦合平台研发	杨广文	无锡恒鼎超级计算中心有限公司	2800	2016	全球变化及应对
18	地球系统模式与综合评估模型的双向耦合及应用	董文杰	中山大学	—5)	2016	全球变化及应对
合计				29004		

数据来源：科技部网站公示信息，其中序号 2 数据来源为气象灾害教育部重点实验室网站。

注：1)2020 年立项公示时，该项目没有项目负责人和经费信息。

2)2018 年 11 月更名为自然资源部第二海洋研究所。

3)即国家超级计算无锡中心，由清华大学与无锡市政府共同建设，并委托清华大学管理运营。

4)该项目为高性能计算专项下资助的项目。

5)该项目在公示时被标注为“实施 2 年后，需评估择优”。

在上述国家科研项目上，中国气象局仅占 1 项，经费不足总额的 1/10。

附录 2　我国参加第六次国际耦合模式比较计划(CMIP6)模式系统概况

国际耦合模式比较计划（CMIP）是以“推动模式发展和增进对地球气候系统的科学理解”为目标的庞大国际计划，于 1995 年由世界气候研究计划（WCRP）耦合模拟工作组（WGCM）发起和组织。在第六次国际耦合模式比较计划（CMIP6）中，有来自全球 33 家机构的约 112 个气候模式版本注册参加。

我国共有 9 个单位的 12 个模式（含中国台湾）参加 CMIP6，数量居世界第一。其中，来自中国气象局和国家海洋局的模式版本共有 5 个，来自中国科学院的模式版本有 3 个，来自高校系统的模式版本有 3 个，来自台湾气候变迁研究联盟的模式版本有 1 个，整体呈现出政府部门、中国科学院和高校三足鼎立的局面（表 1）。与历次 CMIP 相比，高校积极参与地球系统模式的研发是近几年中国地球系统模式研发领域的一个新动向，这对于研发人才的培养具有积极意义。

表 1　我国参加第六次国际耦合模式比较计划（CMIP6）的地球系统模式

机构	研发单位	模式名称	大气模式	海洋模式	陆面模式	海冰模式	耦合器
中国气象局	国家气候中心	BCC-ESM1.0	BCC-AGCM3-Chem	MOM4-L40 gx1v1	BCC-AVIM2	SIS	CPL5
	国家气候中心	BCC-CSM2-MR	BCC-AGCM3-MR（T106，～120 千米，L46）	MOM4-L40 gx1v1	BCCAVIM2	SIS	CPL5
	国家气候中心	BCC-CSM2-HR	BCC-AGCM3-HR（T266，45 千米，L56）	MOM5-L50（0.25°）	BCCAVIM2	SIS	CPL5
	中国气象科学研究院	CAMS-CSM	ECHAM5（T106，～120 千米，L31）	MOM4（高纬度地区 1.0°，赤道经向加密至 0.3°，L50）	CoLM	SIS	FMS coupler

续表

机构	研发单位	模式名称	大气模式	海洋模式	陆面模式	海冰模式	耦合器
国家海洋局	第一海洋研究所	FIO-ESMv2.0	CAM5(～100千米,L30)	POP2(高纬度地区1.1°,赤道地区加密为0.3°～0.5°,L61)	CLM4.0	CICE4	CPL7
中国科学院	大气物理研究所LASG	CAS FGOALS-f3	FAMIL2.2(100千米,25千米,L32)	LICOM3 (1°/L30,0.1°/L55)	CLM4.0	CICE4	CPL7
	大气物理研究所LASG	CAS FGOALS-g3	GAMIL3(2°[～200千米],L26)	LICOM3(1.0°,赤道经向加密至0.5°,L30)	CAS-LSM	CICE4	CPL7
	大气物理研究所ICCES	CAS ESM	IAP AGCM5(1.4°[～140千米],L35)	LICOM2(1.0°,赤道经向加密至0.5°,L30)	CoLM	CICE 4.0	CPL7
高校	清华大学	CIESM	Modified CAM5(～100千米,L30)	POP2(1°,L60)	CLM4.0	CICE 4.1	C-coupler2
	北京师范大学	BNU-ESM-1-1	CAM3.5(2.8°[～280千米],L26)	MOM4p1(高纬度地区1.0°,接近赤道加密至0.3°,L40)	CoLM	CICE 4.1	CPL
	南京信息工程大学	NESM v3	ECHAM v6.3(T63,～200千米,L47)	NEMO v3.4(高纬度地区1.0°,赤道地区加密至0.3°,L46)	JABACH	CICE 4.1	OASIS3-MCT
台湾气候变迁研究联盟[1)]		TaiESM	CAM5.3(～100千米,～200千米,L30)	POP2 (1.0°,L70)	CLM4.0	CICE 4.0	CPL7

注:1)联盟单位包括“中央研究院”气候变化实验室、台湾大学、“中央大学”、台湾师范大学。

虽然我国参加CMIP6的模式版本数量居世界第一,但大都使用的是国外模式系统,以引进加改进为主。大气环流模式只有国家气候中心和中国科学院大气物理研究所是自主开发,海洋环流模式只有中国科学院大气物理研究所具有自主知识产权，其他的则是德国或美国的模式框架。其中，4 个模式（清华大学 CIESM、北京师范大学 BNU-ESM-1-1、第一海洋研究所 FIO-ESMv2.0、台湾气候变迁研究联盟 TaiESM）是以美国国家大气研究中心（NCAR）的公共地球系统模式（CESM）为基础改进而来；3 个模式的海洋分量模式是基于美国地球物理流体力学实验室（GFDL）的模块化海洋模式（MOM）发展而来；海冰分量模式均采用美国的模式；耦合器只有清华大学有自主研发的 C-coupler2 耦合器，其他主要采用的是 NCAR 的 CPL 耦合器、GFDL 的 FMS 耦合器和欧洲的 OASIS 耦合器。综上，我国数值预报模式自主研发能力仍然薄弱。

附录3　欧盟资助的两项新一代地球系统模式开发项目概况

2021年，欧盟通过“地平线2020”计划①资助了两项新的地球系统模式(ESM)开发项目，即“未来的地球系统模式”项目(ESM2025)和“新一代地球系统模式”项目(NextGEMS)，以进一步改善地球系统模式对关键过程和耦合系统的表达，提升气候模式的模拟、预测和预估能力。

一、“未来的地球系统模式”项目(ESM2025)

ESM2025项目由法国气象局国家气象研究中心牵头，来自奥地利、比利时、法国、澳大利亚等9个国家的20多个机构参与(表1)。

表1　“未来的地球系统模式”项目(ESM2025)参与机构

序号	国家	机构
1	法国	法国国家科学研究中心(CNRS)、气候教育办公室(OCE)、墨卡托海洋国际机构(MOi)、欧洲科学计算研究中心(CERFACS)、CNRS—皮埃尔—西蒙·拉普拉斯研究所(IPSL)、CNRS—环境科学研究所(IGE)
2	德国	德国航空航天中心(DLR)、马克斯·普朗克气象研究所(MPI-M)、德国波茨坦气候影响研究所(PIK)
3	奥地利	国际应用系统分析研究所(IIASA)
4	英国	伦敦帝国理工学院(IC)、埃克塞特大学(UOE)、雷丁大学(UREAD)、利兹大学(LS)、英国气象局哈德莱中心(HC)
5	挪威	挪威气象研究所(DNMI)、卑尔根大学(UiB)、挪威国际气候研究中心(CICERO)
6	比利时	布鲁塞尔自由大学(ULB)

① “地平线2020”是欧盟实施创新政策的工具，计划周期7年，预算总额为770亿欧元。“地平线2020”的目标是确保欧洲产生世界顶级的科学，消除科学创新的障碍，在创新技术转化为生产力的过程中，融合公众平台和私营企业协同工作。

续表

序号	国家	机构
7	瑞士	苏黎世联邦理工学院(ETHZ)
8	瑞典	瑞典气象和水文研究所(SMHI)
9	澳大利亚	墨尔本大学(UMEL)

该项目旨在通过以下方式开发下一代地球系统模式：在地球系统模式中集成新的组件；对地球系统模式中组件之间的相互作用和耦合过程进行表达；通过使用机器学习/人工智能或使用从可用观测得出的约束来改进关键气候过程；提高地球系统模式和综合评估模型(IAM)之间的一致性，从而更好地表达整个地球系统对人为排放和人类土地利用变化的响应。

为实现上述目标，ESM2025 联盟由地球系统科学家、模式开发人员，以及进行地球系统模式分析、数据驱动混合模拟、模式评估和反馈分析的机器学习专家，以及气候教育和科学政策专家组成。该项目将通过对欧洲的 5 个地球系统模式进行整合，来提高地球系统分析模拟预测水平(表 2)。

表 2　ESM2025 项目集成的 5 个欧洲地球系统模式

序号	模式名称	开发者	简介
1	CNRM	法国国家气象研究中心、欧洲科学计算研究中心	法国国家气象研究中心(CNRM)和欧洲科学计算研究中心(CERFACS)合作开发的第二代 CNRM 地球系统模型 CNRM-ESM2-1。它源自海洋—大气耦合气候模型 CNRM-CM6-1 的物理—动力学核心。CNRM-ESM2-1 考虑了“物理”和“地球系统(ES)”组件之间的一系列耦合。CNRM-ESM2-1 首次尝试通过解决大气、陆地和海洋之间的碳交换，以及通过 ISBA-CTRIP 模拟的水生连续体解决陆地和海洋之间的碳交换来约束全球碳循环

续表

序号	模式名称	开发者	简介
2	IPSL	法国皮埃尔—西蒙·拉普拉斯研究所	法国皮埃尔—西蒙·拉普拉斯研究所(IPSL)是一个致力于研究气候系统和全球环境的研究实验室联合会。IPSL 研究了气候系统的许多方面,IPSL-CMC 是世界上为数不多的开发地球系统模型(ESM)大部分方面的气候建模中心之一。这种模型代表了气候系统的不同组成部分及其相互作用。IPSL 地球系统模型包括用于大气的 LMDz 模型、用于大气成分的 INCA 和 REPROBUS 模型、用于海洋的 NEMO 模型。IPSL 气候模型使用 OASIS 耦合器和强大的 XIOS 输入/输出服务器
3	MPI-M	德国马克斯·普朗克研究所	马克斯·普朗克研究所地球系统模型(MPI-ESM)是为 CMIP6 做出贡献的 MPI-M 科学家最重要的研究工具。MPI-ESM 通过能量、动量、水和二氧化碳的交换将大气、海洋和陆地表面耦合在一起。此外,MPI-M 最近推出了其新的 ICON-ESM,这是一种基于先进数值技术的全新模型系统
4	NorESM	挪威气象研究所	挪威地球系统模型(NorESM)是由挪威气象研究所开发的耦合地球系统模型。NorESM2 是耦合地球系统模型(ESM)的第二代,用于耦合模型相互比较项目。NorESM2 采用了完全不同的海洋和海洋生物地球化学模型。NorESM2 的大气成分(CAM-Nor)包括一个不同的气溶胶物理和化学模块,包括与云和辐射的相互作用;此外,CAM-Nor 还包括对局部干湿能量守恒的公式、局部和全局角动量守恒公式以及深对流和海气通量计算公式的改进。NorESM2 的表面分量在反照率计算以及陆地和海冰模型中有微小的变化
5	UKESM	英国国家大气科学中心、英国气象局哈德利中心	英国地球系统模式(UKESM)是由英国国家大气科学中心(NCAS)和英国气象局哈德利中心(Met Office Hadley Centre)合作的项目。该模式将帮助英国提升预测未来气候变化的能力,而且是英国对第六次国际耦合模式比较计划(CMIP6)的贡献之一

二、"新一代地球系统模式"项目(NextGEMS)

NextGEMS项目由德国马克斯·普朗克气象研究所牵头，来自13个欧洲国家的26个机构和非洲塞内加尔参与(表3)。

表3 "新一代地球系统模式"项目(NextGEMS)参与机构

序号	国家	机构
1	德国	德国马克斯·普朗克气象研究所(MPI-M)、德国阿尔弗雷德—魏格纳研究所(AWI)、德国亥姆霍兹基尔海洋研究中心(GEOMAR)、德国气候计算中心(DKRZ)、德国最新思维有限公司(LT)、卡尔斯鲁厄理工学院(KIT)、汉堡大学(UHH)
2	挪威	卑尔根大学(UiB)
3	丹麦	哥本哈根大学(UCPH)
4	法国	法国国家科学研究中心(CNRS)、法国国家可持续发展研究所(IRD)
5	瑞典	斯德哥尔摩大学(SU)
6	波兰	华沙大学(UW)
7	英国	牛津大学(UOXF)、雷丁大学(UREAD)
8	西班牙	巴塞罗那超级计算中心(BSC)、伊比利亚可再生能源公司(IBE)、马德里康普顿斯大学(UCM)
9	荷兰	瓦赫宁根大学(WU)
10	瑞士	苏黎世联邦理工学院(ETHZ)、伯尔尼大学(UBERN)
11	葡萄牙	葡萄牙海洋与大气研究所(IPMA)
12	芬兰	赫尔辛基大学(UH)
13	意大利	特伦托大学(UNITN)
14	塞内加尔	塞内加尔农业研究所(ISRA)

NextGEMS项目的具体目标包括：

(1)开发SR-ESM应用：更真实地表达陆地—海洋—大气耦合气候系统，更好地利用观测资料；进行全球首个多年代际(30年)SR-ESM气候预估，测试样本外的气候轨迹，从而为不确定性提供新的视角；开始更多物理耦合的地球系统过程，包括碳循环和大气气溶胶。

(2)利用 SR-ESM 检验关于气候变化的假设：对流组织对地球能量收支和云反馈强度做出了重要贡献；云—气溶胶相互作用会减弱气溶胶—辐射强迫；2～200 千米尺度的大气和海洋环流对热带地区的海气通量最重要，不仅影响热带和中纬度地区的平均气候，而且影响其变率及极端气候；天气系统和地表的风暴尺度的变化强烈影响温带气候和极端事件；描述全球景观差异可以极大地提高区域气候模拟的真实性；风暴尺度的变化通过其对水文极端事件的影响而影响碳预算，并对全球碳排放和碳储量产生影响。

(3)建立新的、更集成的地球系统模式用户社区：围绕集中式基础设施开发 SR-ESM，创建涉及更广泛科学社区的开发和分析范式；更直接地让非科学用户参与模式开发，促进知识协同生产。

（来源：《咨询报告》2022 年第 10 期）

加强气象行业管理的思路和举措建议*

摘要:推动气象高质量发展,必须切实履行气象行业管理职责,优化行业资源配置,实现全行业整体协调、规范有序发展。为此,中国气象局气象发展与规划院在政策法规司、人事司的指导下,针对气象行业管理内涵特征、面临的形势问题进行深入分析,从加强对行业管理工作的组织领导出发,围绕加强规划、资质、质量、安全、秩序管理,强化行业管理能力和手段建设,创新完善行业管理工作机制等方面,提出加强行业管理的思路和举措建议。

《气象高质量发展纲要(2022—2035年)》(以下简称《纲要》)提出,要建立相关行业气象统筹发展体制机制,将各部门各行业自建的气象探测设施纳入国家气象观测网络,由气象部门实行统一规划和监督协调。为贯彻落实《纲要》精神,推动气象高质量发展,必须切实履行气象行业管理职责,优化行业资源配置,实现全行业整体协调、规范有序发展。为此,中国气象局气象发展与规划院开展专题研究,针对气象行业管理内涵特征、面临的形势问题进行深入分析,并提出加强行业管理的思路和举措建议。

一、气象行业管理的内涵和特征

(一)气象行业管理的主体,即由谁来实施行业管理

根据《中华人民共和国气象法》《气象行业管理若干规定》等,各级气

---

* 执笔人:郭淑颖　郑祺　于丹　王姣姣

象主管机构是行业管理的主体;涉及气象探测和资料等安全管理的,要会同保密、安全等部门实施管理;涉及电力、通信防雷装置检测单位资质认定的,要会同电力、通信等部门开展;涉及气象产业市场管理的,要会同工商管理等部门开展。

(二)气象行业管理的客体,即行业管理的对象是什么

《气象行业管理若干规定》提出,各级气象主管机构及其所属气象台站、国务院其他有关部门和省(自治区、直辖市)人民政府其他有关部门及其所属气象台站等,以及其他组织和个人所从事的气象活动,应当遵守本规定。这一规定反映了气象行业管理的对象应该是全社会(包括气象部门、相关部门、社会企业、个人等)所开展的气象活动。

(三)行业管理的职能,即行业管理的手段方式

对于气象部门自身的管理,按照"管理"应有的全部内涵,采取决策、组织、指挥、督查、考核等方式,也就是直接管理的方式;对于行业气象部门,包括民航、兵团、农垦、森工、海洋、环境等部门开展的气象活动,主要使用行业规划、政策、法规、标准、监督,以及指导、服务、协调等方式进行管理,也就是间接管理的方式;对于社会气象企业,侧重于应用制度规范、市场调节等方式进行管理,也就是间接管理与市场管理相结合的方式。

由此可见,气象行业管理是以各级气象主管机构为管理主体,以行业规划、政策、法规、标准、监督、指导、协调、服务等为管理手段,对全社会各类组织和个人所从事的气象活动进行管理的行为。行业管理的特征可以概括为"管理主体单一、管理对象多元、管理方式法定"。

二、气象行业管理面临的形势

(一)面临着统筹解决老问题与新矛盾的挑战

近年来,生态、海洋、农业、能源等部门及社会企业开展了颇具规模的气象业务。比如,电力企业特别是风能、太阳能等新能源企业,以及国家电网和南方电网等,大量布局建设气象观测站点和设施,引进和运行气象

数值模式系统，开展发电功率、电力负荷、气象灾害等预报预测业务。海洋部门以国家和各地区海洋环境预报中心为主体，建设了海洋气象观测站1500余个；生态部门和相关企事业开展了包括气象观测、气象数值预报等业务；新型农业服务企业和高校等，通过建设气象站、开展气象预报等，为农牧业提供精细化作业指导。此外，社会气象产业也在逐步发展壮大，特别是出现了一些影响力大的气象信息企业，如“墨迹天气”自行制作并向社会公众发布1天以上的天气预报；“彩云天气”自行制作并发布基于位置的精细化天气预报，对“国家对公众气象预报和灾害性天气警报实行统一发布制度”这一基本规定提出挑战。可见，各级气象主管机构对民航、兵团、农垦、森工等传统行业部门的管理尚未履行到位，新的行业管理问题又不断出现。

（二）面临着适应行政审批制度改革调整思路的挑战

2005年，中国气象局通过了《气象行业管理若干管理规定》，确定了对气象行业的审批、审核、核准制度。2017年，国务院取消了气象主管机构的一系列行政审批事项，涉及行业台站审批、行业设施审核等方面的事项相应取消。气象主管机构面临着适应行政审批制度改革、转变管理思路和方式、加强一系列新的制度设计的任务和挑战。

（三）面临着在现有管理体制下寻求突破的挑战

行业管理涉及气象观测站网、信息网络等不同方面的统一规划和建设，这就要求突破以部门为单位的重大工程项目的建设和管理方式。相关行业部门和社会对于行业管理方面的政策和法规性文件的了解程度、认可程度、执行力度均不理想，这就要求突破部门管理框架下的思维和方式。行业标准因不同行业部门的气象业务服务需求不同而难以统一，这就要求打破部门界限，促进相互兼容、相互衔接。

三、气象行业管理存在的问题

目前，涉及气象行业管理的现行法律法规有17部、相关规定有57

条，包括气象行政许可，雷电防护装置的设计审核、竣工验收、检测资质管理，涉外气象探测和资料管理，升放气球管理，气象探测环境和设施保护，气象预报发布与传播，气象灾害预警信号发布与传播，气象信息服务管理，气象资料共享管理，人工影响天气管理等。其中，落实得比较好的有27条，主要包括气象行政许可、升放气球管理、雷电防护管理、人工影响天气管理等；落实不到位的有30条。从中可以发现，行业管理存在突出问题，主要表现在：

（一）行业管理的思想认识还不到位

将行业管理局限于对行业台站的管理，或者局限于对传统行业气象部门的管理。各级气象主管机构对实施行业管理存在畏难情绪，存在不想管、不敢管、不会管的问题。相关内设机构的行业管理职责不明确，履责不到位，缺乏总体谋划和整体规划。

（二）行业管理的思路和目的不够清晰

尚不能很好地适应行政审批制度改革的要求，从事前管理转为事后管理，在监管机制、备案制度、信用体系的建立以及市场规则的制定等方面做得还不够；尚不能适应管理对象和事项日益增多、日益复杂的趋势，无法充分发挥行业组织的辅助作用和市场机制的调节作用。行业管理的目的，即围绕着哪几个方面实施管理不是很清晰。

（三）行业管理的能力和手段比较薄弱

气象行业管理的手段偏“软”，主要体现在协商、合作、指导等层面，未能开展有效的行业组织管理、监督检查，以及行业政策法规、标准制度建设等。在贯彻落实国家关于运用大数据加强对行业和市场主体监管等政策文件方面存在较大不足，管理手段较为传统和落后。在强化行业管理职能、壮大管理队伍方面做得还不够。

（四）行业管理的法规标准制度尚不完善

现行法律法规中关于行业管理职责内涵的规定还不明确；《气象行业管理若干规定》的法律效力较低、执行力不强；缺乏关于行业气象观测站网、重大气象观测设施、气象信息网络和数据库等统一规划和建设的法规规章；缺乏气象行业监督、气象备案统计等具体可操作的实施细则。此外，与相关法规衔接的标准不健全、不完善。

（五）行业管理的协调机制尚不完善

气象主管机构没能会同行业气象部门的管理机构，共同研究谋划行业协同发展；没有联合制定行业发展规划、计划、方案等；也没有与发改委、工商、工信、保密等部门建立多部门联合的管理协调机制。

四、加强气象行业管理的思路和举措

适应新形势、新要求，要切实转变管理思路、突出管理重点、有效应用管理资源、强化管理举措。在管理思路上，要实现“两个转变”：从注重部门管理向统筹做好部门管理和行业管理转变；从注重事前管理向统筹做好事前管理与事后监管转变。在管理重点上，要区分行业气象部门和社会气象企业两种性质的对象。在行业气象部门中，将民航、能源、生态、海洋、农业等部门作为管理重点，着力解决统一规划、统一建设的问题；在社会企业中，将“墨迹天气”“彩云天气”作为管理重点，着力解决培育发展、规范发展的问题。在管理资源上，要在坚持各级气象主管机构行业管理主体地位的基础上，充分发挥行业组织的辅助作用、市场机制的调节作用和市场主体的自律作用；在管理举措上，要围绕规划、资质、质量、安全、秩序5方面提出具体任务。

（一）加强对行业管理工作的组织领导

要统筹行业管理与部门管理，推动两者同谋划、同部署、同落实、同考核，建议成立中国气象局行业管理领导小组，由分管局领导任组长，相关内设机构领导作为成员，领导小组下设办公室。加强对行业管理工作的总体谋划，制定行业管理工作意见、行动计划和实施方案，明确相关内设机构在行业管理中的职责任务，将各单位行业管理职责纳入“三定”方案之中，将其职责完成情况纳入年度目标考核。

(二)围绕规划、资质、质量、安全、秩序加强管理

1. 加强行业规划管理

气象主管机构联合相关行业部门，共同制定、印发和实施全行业气象发展规划。积极协调由国家发展改革委牵头组织，气象主管机构联合相关行业部门共同编制全行业重要气象设施建设规划。成立多部门参与的规划设计专家组，将行业部门的气象设施建设统筹纳入国家整体投资渠道。推动出台气象基础设施建设统一规划条例，就气象观测站网、重大气象观测设施、重要专用气象技术装备、重要气象信息网络和数据库等方面的统一规划和建设作出明确规定。

2. 加强行业资质管理

会同人力资源和社会保障部等部门，推动实施气象行业从业人员和市场主体资质许可管理。如果推动难度较大，可积极开展气象行业从业人员和市场主体的能力评价、等级评价、质量评价、信用评价等，制定出台评价管理办法。落实气象备案统计制度，制定备案统计实施细则，对气象台站建设定期备案、气象信息服务单位备案统计和公示等进行具体规定。

3. 加强行业质量管理

制定气象预报产品和信息发布标准，对社会组织开展气象信息服务等的范围、方式、内容等进行规范。制定气象社会化观测标准，对社会组织和个人开展观测的场所、设备、数据共享和使用等进行规范。制定行业气象仪器计量检定标准，对行业气象台站仪器供应、计量检定、维护维修等进行规范。制定气象专用技术装备使用标准，对气象专用技术装备的范围、种类，以及使用要求等进行规范。制定行业数据和资料汇交共享标准，对不同部门、不同种类气象数据的汇交范围、格式、程序等进行规范。

4. 加强行业安全管理

落实《防雷减灾管理办法》《雷电防护装置设计审核和竣工验收规定》，以及《涉外气象探测和资料管理办法》《人工影响天气管理条例》《升放气球管理办法》等，加强对气象防雷减灾安全、涉外探测资料安全、人工

影响天气作业安全、升放气球安全的管理。会同通信、电力、保密等部门，加强对执行有关规定情况的监督检查，加大对违反安全管理规定行为的通报和惩处力度。

5. 加强行业秩序管理

制定公众天气预报和灾害性天气警报统一发布实施细则，明确统一发布的具体内容、违反规定的具体情形以及法律责任追究等。对防雷市场中出现的借用资质证书或者弄虚作假取得防雷资质等行为进行管理。加强对市场主体遵守有关气象市场秩序情况的监督检查。制定出台行业监督管理办法，细化规定监督管理的部门、事项、流程，以及对监督发现问题的处置等。

（三）加强行业管理能力和手段建设

将行业数据库纳入气象大数据云平台建设统一考虑，充分运用大数据加强管理。加强移动终端App等新型技术管理手段的建设运用。依托中国气象局现有信息化管理平台，完善气象行业管理信息化功能。建设气象行业管理奖惩信息系统和气象活动违法违规举报平台。加强行业管理职能和队伍建设，将气象行业管理监督执法纳入地方综合执法队伍建设，加大行业监督执法力度。

（四）创新完善行业管理工作机制

建立行业联席会议制度，定期就行业发展重要事项协商研讨。建立行业科技联合攻关机制，通过建立联合实验室、联合申请国家科技研发计划等，集中开展重大核心技术攻关。不断完善气象学会、气象协会和其他行业组织的职责，气象主管机构可向其购买或委托其承担部分行业管理职能。委托第三方定期开展社会企业信用等方面的调查评价。将行业人员的职称评审纳入中国气象局评审范畴，由气象主管机构统一组织开展。

（来源：《咨询报告》2023年第1期）